ILYA

LES LOIS DU CHAOS

Flammarion

Note de l'éditeur

Ce texte a paru, en italien, sous le titre *Le leggi del caos,* en 1993, aux éditions Laterza (Rome) en collaboration avec la Fondation Sigma Tau dans la série *Lezioni italiane.* La version française, entièrement inédite, a été complétée et revue par l'auteur.

ISBN : 2-08-081369-2
Printed in France

PRÉFACE À L'ÉDITION FRANÇAISE

Je suis heureux de voir paraître une édition française de mon fascicule *Les Lois du chaos* paru en italien en 1993.

Il s'agit de deux conférences données en 1992 à l'Université de Milan devant un auditoire interdisciplinaire où se côtoyaient physiciens, biologistes et philosophes. D'où le caractère un peu hybride de l'exposé. J'ai aussi voulu garder au texte le style propre aux conférences. J'ai préféré suggérer plutôt que « démontrer ».

Ces dernières années, le nombre d'ouvrages qui paraissent sur le chaos est considérable. Je voudrais, dès lors, préciser l'objet de ces conférences.

Ces leçons se concentrent sur un aspect particulier, mais que je crois être fondamental, du lien entre la notion de « lois de la nature » et l'instabilité des systèmes dynamiques. La thèse de ces leçons est que l'instabilité et spécialement le chaos nous forcent à donner une formulation nouvelle aux lois de la nature.

Au niveau statistique apparaissent des solutions nouvelles *irréductibles* à l'étude des trajectoires. Une distribution de probabilité représente un ensemble de trajectoires. C'est au niveau des ensembles que l'évolution temporelle peut être prédite. Ces ensembles sont donc plus riches que les trajectoires isolées. Ce n'est peut-être pas inattendu car la notion d'instabilité est étroitement liée à la comparaison de trajectoires voisines. De cette manière le chaos nous force à nous écarter du point de vue classique, d'une physique fondée sur la notion de point dans l'espace-temps. Ici encore le tout est plus que la somme des parties.

Le XIXe siècle nous a légué un double héritage. D'un côté, nous avons les lois classiques de la nature dont les lois de Newton nous fournissent l'exemple suprême. Ces lois sont déterministes : une fois les conditions initiales données, nous pouvons prédire tout événement passé ou futur; elles nous parlent donc de *certitudes*. De plus, ces lois sont symétriques par rapport au temps. Futur et passé y jouent le même rôle.

Mais le XIXe siècle nous a aussi légué une vision évolutive, temporelle, de l'univers, et cela à travers le second principe de la thermodynamique. Ce principe exprime la croissance de l'entropie au cours du temps et introduit ainsi la flèche du temps. Dès lors, passé et futur ne jouent plus de rôle symétrique.

Comment réconcilier ces deux points de vue? L'attitude traditionnelle était de considérer l'irréversibilité comme le résultat d'approximations que nous introduisions dans l'application des lois fondamentales. L'étude des systèmes hors de l'équilibre que nous évoquons brièvement dans les premiers chapitres rend cette interprétation intenable. Dans le « non-équilibre », nous voyons le rôle constructif de la flèche du temps. De nouveaux phénomènes (tels que les « structures dissipatives ») y apparaissent. Il devient dès lors impossible d'associer la flèche du temps à des approximations ou erreurs dont nous serions responsables.

C'est évidemment un sujet immense. Aussi, je voudrais insister dès l'abord qu'il ne s'agit ici que d'illustrer quelques idées essentielles qui ressortent des développements récents de la physique théorique et des mathématiques.

La voie que mes collègues et moi-même avons suivie est différente. Elle part de l'observation que tous les systèmes dynamiques (classiques ou quantiques) ne sont pas semblables. Il y a des systèmes *stables* et des systèmes *instables*. Une catégorie importante de systèmes instables est formée par les systèmes dits « chaotiques », dans lesquels deux trajectoires aussi voisines que l'on veut à l'instant initial divergent exponentiellement avec le temps.

Que deviennent les lois de la nature lorsqu'on inclut le chaos ? C'est à un exposé introductif de ce problème que ces leçons sont consacrées. Nous nous y sommes essentiellement limités aux structures particulièrement simples, des « applications » dans lesquelles le temps n'agit qu'à des intervalles discrets. Nous étudions donc les applications chaotiques. Les résultats sont très remarquables et peuvent s'étendre à des cas plus généraux. Les systèmes chaotiques (comme d'ailleurs tous les systèmes dynamiques) peuvent s'étudier à deux niveaux. L'un correspond à l'étude de trajectoires individuelles, l'autre à l'étude d'*ensembles* décrits par des distributions de probabilité.

Dans le cas de systèmes stables, ces deux points de vue sont équivalents. L'étude des trajectoires ou des distributions de probabilité donnent des résultats équivalents. Il n'en est pas de même pour les systèmes chaotiques.

Alors que l'étude des trajectoires ne fait qu'illustrer le « désordre » provoqué par le chaos, les distributions de probabilité associées à la considération d'ensembles de trajectoires ont un comportement parfaitement régulier.

On peut donc parler de « lois du chaos » mais au niveau probabiliste. De plus, ces lois mettent en évidence la flèche du temps. Les lois de la nature associées aux systèmes chaotiques sont radicalement différentes des lois du type newtonien. Elles ne se formulent qu'au niveau des populations et elles brisent la symétrie entre passé et futur. Ces résultats s'appuient sur des études mathématiques récentes en analyse fonctionnelle.

Dans ces leçons nous faisons de brèves allusions à des situations plus générales telles qu'elles se rencontrent, par exemple, en mécanique quantique où on ne peut plus parler de trajectoires. Le résultat principal reste le même. Les lois des systèmes instables doivent se formuler au niveau probabiliste. L'hypothèse fondamentale de la physique quantique est que tout peut se ramener à des amplitudes de probabilité qui obéissent à l'équation de Schrödinger. Comme nous l'avons montré dans nos travaux récents, il n'en est pas ainsi dans les systèmes instables où s'introduisent des probabilités irréductibles à des amplitudes.

Ce sujet s'est considérablement développé au cours des dernières années à tel point que l'incorporation des nouveaux résultats aurait demandé une refonte des derniers chapitres de ces leçons. Ce sera l'objet d'un autre ouvrage. Nous avons toutefois ajouté dans l'appendice une liste de références se rapportant à ces extensions classiques ou quantiques [1].

Dans l'histoire de la physique, nous voyons apparaître successivement les notions de trajectoire, d'onde et de champ. Ces étapes sont particulièrement bien décrites dans l'ouvrage classique d'Einstein et Infeld [2]. Ces notions étaient considérées comme les briques à partir desquelles pouvait se construire l'édifice de la physique. L'introduction des instabilités telles que le chaos nous force à modifier cette vision. Le niveau fondamental est maintenant celui des probabilités. A partir de ce formalisme nous pouvons retrouver les notions de trajectoires, d'ondes ou de champs comme cas particuliers pour des systèmes stables.

Il était généralement admis que les probabilités n'étaient que l'expression de notre ignorance. Pour les systèmes instables, il n'en est pas ainsi. Les probabilités acquièrent une signification dynamique intrinsèque. Peu à peu se dessine dès lors une nouvelle rationalité dans laquelle probabilité n'est pas ignorance et science ne se confond pas avec certitude.

C'est à ce prix que la notion d'évolution et avec elle les notions d'événement et de créativité font leur entrée dans les lois fondamentales de la nature.

1. Conformément au style de ces conférences, le nombre de références a été réduit au minimum.

2. A. Einstein et L. Infeld, *L'Évolution des idées en physique*, rééd., coll. Champs, Flammarion, Paris, 1983.

REMERCIEMENTS

Je voudrais remercier chaleureusement mes collègues qui ont contribué aux résultats résumés dans ces conférences. Je ne peux les citer tous mais je voudrais exprimer ma reconnaissance toute particulière à I. Antoniou, D. Driebe, H. Hasegawa, T. Petrosky, S. Tasaki.

Je voudrais aussi remercier mes collègues et amis F. Mayné et Cl. George qui ont joué un grand rôle dans les premiers stades de notre approche et qui ont bien voulu relire ce texte et l'améliorer sur plusieurs points importants.

Mes remerciements vont à plusieurs institutions qui ont soutenu ces recherches pendant de nombreuses années. Je pense en particulier à la Communauté française de Belgique et à son directeur d'administration, M. A. Philippart, à la Loterie nationale de Belgique, au Department of Energy des Etats-Unis et à son représentant le Dr. O. Manley, ainsi qu'à l'Union Européenne et en particulier MM. M. Carpentier et P. Fasella.

CHAPITRE PREMIER

Le titre de cette conférence « Les lois du chaos » peut paraître paradoxal. Y a-t-il des lois du chaos? Le chaos n'est-il pas par définition « imprévisible » ? Nous verrons qu'il n'en est pas ainsi mais que la notion de chaos nous amène à repenser la notion de « loi de la nature ». Dans la perspective classique, une loi de la nature était associée à une description déterministe et réversible dans le temps. Futur et passé y jouaient le même rôle. L'introduction du chaos nous force à généraliser la notion de loi de la nature et à y introduire les concepts de probabilité et d'irréversibilité. Il s'agit là d'un changement radical puisque, suivant cette vue, le chaos nous conduit à reconsidérer notre description fondamentale de la nature. Il ne peut être question dans le cadre de ces conférences de faire un exposé systématique de la théorie du chaos. Il existe d'ailleurs des ouvrages auxquels le lecteur peut se reporter, mais ce que je voudrais souligner ici, c'est le rôle fondamental du chaos à tous les niveaux de description de la nature, et ce, que ce soit au niveau microscopique, macroscopique ou cosmologique.

Aujourd'hui, on parle de chaos à propos de phénomènes très différents. Par exemple, on associe le chaos à la turbulence dans l'écoulement des fluides. Précisons que ce ne sont pas ces aspects qui nous occupent ici. Nous nous intéressons avant tout au chaos tel qu'il résulte des équations dynamiques classiques ou quantiques qui correspondent, dans l'état de nos connaissances, à la description microscopique fondamentale. Bien sûr, de ce chaos microscopique peut résulter le chaos macroscopique. Nous y reviendrons. Mais notre attention se concentre surtout sur la description dite « fondamentale » du comportement de la matière.

Le chaos est toujours la conséquence d'instabilités. Le pendule sans friction est un système stable, mais curieusement la majorité des systèmes d'intérêt physique, que ce soit en mécanique classique ou en mécanique quantique, sont des systèmes instables. Dans de tels systèmes, une petite perturbation s'amplifie, des trajectoires initialement voisines divergent. L'instabilité introduit des aspects nouveaux essentiels.

Ce qui nous intéresse surtout ici, c'est l'incidence de l'instabilité sur des concepts fondamentaux : le déterminisme, l'irréversibilité et même les fondements de la mécanique quantique. Comme nous allons le montrer, ces problèmes reçoivent un éclairage nouveau. C'est là la raison pour laquelle on peut parler d'une reformulation des lois de la nature lorsqu'on tient compte du chaos. L'enjeu est d'importance.

Aujourd'hui, la science joue un rôle fondamental dans notre civilisation et pourtant, en utilisant une expression bien connue, introduite par Snow, nous vivons encore dans une société à deux cultures. La communication entre les membres de ces deux cultures reste difficile. Quelle est la raison de cette dichotomie ? On a souvent suggéré que c'est un problème de connaissances. Les sciences fondamentales s'expriment en termes mathématiques. Les « scientifiques » lisent Shakespeare, les « humanistes » ne sont pas sensibles à la beauté des mathématiques. Je crois que cette dichotomie a une raison plus profonde. Je crois qu'elle se trouve dans la manière dont la notion de temps est incorporée dans chacune de ces deux cultures.

Dans les sciences naturelles, l'idéal traditionnel était d'atteindre la certitude associée à une description déterministe. Même la mécanique quantique correspond à cet idéal. En revanche, les notions d'incertitude, de choix, de risque dominent les sciences humaines, que ce soit l'économie ou la sociologie.

C'est la manière de décrire le déroulement du temps qui distingue les deux cultures. On pourrait aussi penser à les distinguer par la complexité de leur objet. La physique s'occuperait des phénomènes dits simples, les sciences humaines des phénomènes complexes. Mais aujourd'hui le fossé entre phénomènes dits simples et phénomènes complexes se réduit. Nous savons que les particules dites élémentaires et les problèmes de la cosmologie correspondent à des phénomènes extrêmement complexes qui n'ont que peu de rapports avec les idées que l'on avait encore il y a quelques dizaines d'années. En revanche, des modèles simples ont pu être établis pour décrire, de manière, il est vrai, schématique mais quand même intéressante, des problèmes considérés traditionnellement comme complexes, comme le fonctionnement du cerveau ou le comportement des sociétés d'insectes. La distinction fondée sur l'idée de complexité paraît donc aujourd'hui moins claire qu'elle ne l'était jadis.

Je suis tout à fait d'accord avec Sir Karl Popper quand il dit que le problème central à la base de la dichotomie entre les deux cultures est le problème du temps. Le temps est notre dimension existentielle fondamentale. Elle est la base de la créativité des artistes, des philosophes et des scientifiques. L'introduction du temps dans le schéma conceptuel de la science classique a été un progrès immense. Pourtant, ce schéma a appauvri la notion de temps car aucune distinction n'y était faite entre le passé et le futur. En revanche, dans tous les phénomènes que nous percevons autour de nous, que ce soit en physique macroscopique, en chimie, en biologie ou dans les sciences humaines, le futur ou le passé jouent des rôles différents. Nous trouvons partout une « flèche du temps ». Dès lors, la question se pose : comment cette flèche du temps peut-elle émerger du non-temps ? Le temps que nous percevons est-il une illusion ? C'est cette question qui conduit au « paradoxe » du temps.

On peut distinguer trois étapes dans l'histoire du paradoxe du temps. La prise de conscience de ce paradoxe à la fin du XIXe siècle, sa résurgence au cours des dernières décennies et la solution de ce paradoxe qui est très récente. La résolution du paradoxe du temps est le sujet central de ces conférences, c'est là que les notions d'instabilité, de chaos jouent un rôle essentiel.

Je ne méconnais pas la difficulté d'exposer ces questions dans le cadre de ces conférences car la solution du paradoxe du temps est liée à des problèmes mathématiques nouveaux et passionnants mais difficiles à décrire sans un vocabulaire adéquat. Cela demande donc un effort à la fois à l'auteur et au lecteur.

Mais revenons d'abord à la position traditionnelle.

Pouvons-nous opposer « être » et « devenir » comme nous opposons « vérité » et « illusion » ? C'était, comme il est bien connu, la position de Platon, c'est aussi la position de la physique classique. L'ambition de la physique classique était de découvrir l'inchangeant, le permanent au-delà des apparences de changement. La notion d'événement était exclue de cette description. Et pourtant l'ambition de déboucher sur une physique sans événements s'est heurtée toujours à de grandes difficultés. Déjà Lucrèce s'est trouvé contraint d'introduire la notion de « clinamem » qui perturbe la chute des atomes dans le vide de manière à permettre l'apparition de nouveautés. De même, deux mille ans plus tard, nous lisons dans un article célèbre d'Einstein décrivant l'émission spontanée de lumière : le temps d'émission des photons est déterminé par le hasard. C'est là un parallélisme bien inattendu quand nous nous rappelons que Lucrèce et Einstein sont séparés par la plus grande révolution survenue dans l'histoire de nos relations avec la nature, à savoir la naissance de la science moderne.

La science moderne est fondée sur la notion de lois de la nature. Nous y sommes tellement habitués que cela est devenu pour nous quelque chose comme un truisme et pourtant les implications en sont très profondes. Une de ces caractéristiques essentielles est précisément l'élimination du temps. J'ai toujours pensé que, dans cette élimination du temps, l'élément théologique avait joué un rôle important. Pour Dieu tout est donné. Nouveauté, choix ou action spontanée relève de notre point de vue humain. Aux yeux de Dieu le présent contient le futur comme il contient le passé. Dans cette perspective, le savant par sa connaissance des lois de la nature se rapproche de la connaissance divine. Il faut bien dire que ce programme a eu un succès extraordinaire. Il nous semblait souvent que nous étions arrivés à le réaliser complètement.

La physique classique était fondée sur l'étude de la gravitation et de l'électromagnétisme. La physique moderne y a ajouté d'autres types d'interactions. Un des problèmes qui est au programme de la physique d'aujourd'hui est le problème de l'unification des interactions. L'espoir a été souvent formulé de découvrir une loi unique dont toutes les autres pourraient être dérivées. Cet espoir était à la base du travail d'Einstein sur la théorie du champ unifié. Elle est encore le thème central du livre récent de Stephen W. Hawking, *Une brève histoire du temps* [1]. Pourtant, l'unification des interactions est loin d'être le seul problème qui se pose aujourd'hui. Dès le XIXe siècle, l'émergence de sciences fondées sur des paradigmes différents avait ouvert d'autres perspectives. La biologie darwinienne et la thermodynamique sont des sciences de l'évolution. La thermodynamique est la science de l'âge industriel. Une anxiété profonde se faisait jour par suite des transformations rapides de nos relations avec la nature. Le danger qui menaçait l'humanité était l'épuisement des ressources de la nature. Il semblait que l'univers était condamné à évoluer vers sa mort thermique.

1. S. W. Hawking, *Une brève histoire du temps*, coll. NBS, Flammarion, Paris, 1989.

La biologie depuis Darwin est l'expression d'un paradigme évolutionniste mais le darwinisme insistait sur l'apparition de nouveautés – nouvelles espèces, nouveaux modes d'adaptation, nouvelles niches écologiques – tandis que la vision thermodynamique ne parlait que de nivellement et de mort thermique. L'univers aurait commencé à un niveau d'entropie très bas correspondant à un « ordre » initial pour aboutir après un temps suffisamment long à la mort thermique

Ainsi, l'émergence des paradigmes évolutifs a conduit à faire entrer le paradoxe du temps dans le domaine de la science car, d'un côté, dans la science newtonienne il n'y avait pas de flèche du temps et, de l'autre côté, le concept d'irréversibilité est essentiel à la thermodynamique comme à la biologie.

CHAPITRE II

Le premier scientifique à affronter le paradoxe du temps fut le physicien autrichien Ludwig Boltzmann qui a cherché à donner une justification dynamique *microscopique* à la flèche du temps de la thermodynamique (1872). Mais les travaux de Boltzmann se heurtèrent à des critiques acerbes. On lui reprochait un manque de logique. Le grand mathématicien Henri Poincaré est allé jusqu'à écrire qu'il ne pouvait recommander la lecture de Boltzmann car il ne pouvait recommander la lecture de textes dans lesquels les conclusions étaient en contradiction avec les prémisses. Il semblait en effet évident qu'on ne pouvait déduire une flèche du temps de la physique classique, elle-même fondée sur l'équivalence entre passé et futur. Ces critiques amenèrent Boltzmann à reculer et à associer l'entropie au « désordre ».

Le schéma de Boltzmann est bien connu. Considérons deux boîtes connectées par un conduit. Mettons beaucoup de particules dans l'une de ces boîtes, peu dans l'autre. Au cours du temps nous nous attendons à une égalisation progressive du

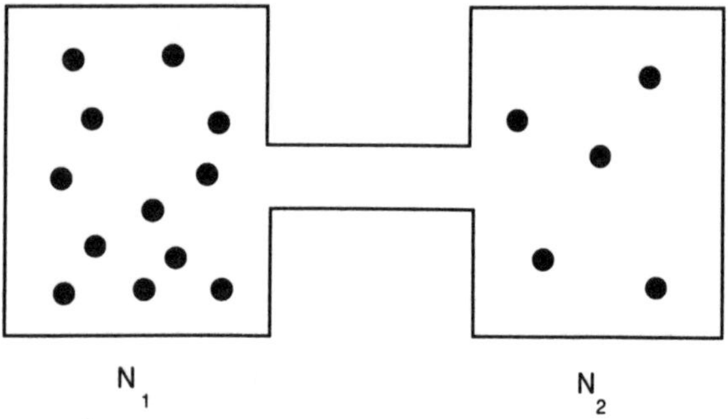

$$P = \frac{N!}{N_1!\ N_2!} \qquad S = k \lg P$$

FIG. 1. Le schéma de Boltzmann.

nombre de particules. C'est en cela que consisterait l'irréversibilité. Mais, bien entendu, si l'irréversibilité n'était que cela, elle serait effectivement illusion car, si nous attendons plus longtemps encore, alors il peut se faire que de nouveau les particules se reconcentrent dans le même réservoir. Dans cette vision l'irréversibilité serait simplement due aux limites de notre patience. C'est encore l'exemple qu'utilise Feynman précisément pour justifier la réversibilité des lois fondamentales de la physique [1].

Cette élimination de la flèche du temps fut acceptée avec enthousiasme par de très grands physiciens. Einstein a écrit que le temps comme irréversibilité n'est qu'« illusion » et cette conclusion est formulée dans des ouvrages d'auteurs

1. R. Feynman, *The Character of Physical Law*, MIT Press, Cambridge, 1965.

bien connus comme Feynman ou Hawking. Pourtant, comme nous l'avons déjà écrit ailleurs [1] :

> Peut-être faut-il d'emblée souligner le caractère presque inconcevable de cette idée de réversibilité dynamique. La question du temps – de ce que préserve, de ce que crée, de ce que détruit son écoulement – a été depuis toujours au centre des préoccupations humaines. Bien des spéculations ont mis en cause l'idée de nouveauté, affirmé l'inexorable enchaînement des causes et des effets. Bien des savoirs mystiques ont nié la réalité de ce monde changeant et incertain, et ont défini l'idéal d'une existence qui permette d'échapper à la douleur de la vie. Nous savons d'autre part l'importance, dans l'Antiquité, de l'idée d'un temps circulaire, revenant périodiquement à ses origines. Mais l'éternel retour sur lui-même est marqué par la flèche du temps, comme le rythme des saisons ou celui des générations humaines. Aucune spéculation, aucun savoir n'a jamais affirmé l'équivalence entre ce qui se fait et ce qui se défait, entre une plante qui pousse, fleurit et meurt, et une plante qui ressuscite, rajeunit et retourne vers sa graine primitive, entre un homme qui mûrit et apprend et un homme qui devient progressivement enfant, puis embryon, puis cellule. Pourtant, depuis son origine, la dynamique, la théorie physique qui s'identifie avec le triomphe même de la science, impliquait cette négation radicale du temps. Voilà ce que révéla l'échec de Boltzmann et ce que n'avait osé reconnaître avant lui aucun des penseurs qui, tels Leibniz ou Kant, avaient fait de la science du mouvement le modèle d'intelligibilité du monde.

1. I. Prigogine et I. Stengers, *Entre le temps et l'éternité*, Fayard, rééd. coll. Champs, Flammarion, Paris, 1992, p. 25.

Dans l'appréciation du paradoxe du temps, il ne faut pas oublier que les physiciens avaient au point de départ fait un choix spécifique de l'objet de leur étude. Poincaré dans *Science et méthode* [1] insiste sur le fait que le physicien doit choisir des phénomènes répétables de manière à pouvoir établir des lois générales. De nos jours, nous ne serions peut-être pas tout à fait d'accord avec le point de vue de Poincaré. Ce qui nous intéresse aujourd'hui ce n'est pas nécessairement ce que nous pouvons prévoir avec certitude. Popper utilise une très belle expression : il parle d'horloges et de nuages [2]. La physique classique s'intéressait avant tout aux horloges, la physique d'aujourd'hui plutôt aux nuages. Mais le point important c'est que nous pouvons aujourd'hui commencer à dépasser le cadre spécifique qui correspondait à la naissance de la science classique. Nous pouvons admirer la simplicité du mouvement planétaire, la précision associée aux horloges, mais nous pouvons aussi reconnaître leur caractère particulier, presque unique. C'est cette transformation de notre point de vue qui est un des objets de ces conférences. Mon sentiment est que nous vivons un moment privilégié. La physique est à un point de transition, elle s'ouvre à un monde de nouvelles questions et en même temps elle s'ouvre à une meilleure compréhension de son histoire passée.

Je voudrais parler maintenant de la résurgence du problème du temps au cours des dernières décennies. Il y a là un phénomène curieux car cette résurgence coïncide aussi avec un moment

1. H. Poincaré, *Science et méthode*, Flammarion, Paris, 1908.
2. K.R. Popper, *Of Clouds and Clocks*, Washington, 1965.

particulier de l'histoire sociale et politique. Nous ressentons en quelque manière le passage du temps. Que ce soient les événements qui conduisent à une nouvelle vision de l'Europe occidentale ou que ce soient les événements à l'Est, nous sentons que nous sommes dans une période de « bifurcation » à laquelle le concept de la loi classique de la nature ne s'applique pas. Il nous est plus difficile d'accepter que la notion d'événement ne serait qu'une illusion. Et pourtant, tel était le point de vue à la base de la physique classique et il était tellement enraciné en nous qu'on finissait par considérer tout événement comme quelque chose de presque antiscientifique.

Quels sont les grands événements de l'histoire du monde? Certainement la naissance de l'univers ou la naissance de la vie. Il y a à ce sujet une histoire amusante d'Isaac Asimov [1]. Serons-nous un jour capables de battre le second principe de la thermodynamique? Telle est la question qu'un peuple, de génération en génération, de civilisation en civilisation, demande à un ordinateur géant. Pourtant l'ordinateur répond toujours : « Les données ne sont pas suffisantes. » Des milliards d'années passent, les étoiles et les galaxies meurent mais l'ordinateur connecté directement à l'espace-temps continue à calculer. A la fin l'univers est mort mais l'ordinateur arrive à sa réponse. Il sait maintenant comment battre le second principe et c'est à ce moment qu'un nouvel univers naît.

La résurgence du paradoxe du temps est essentiellement due à deux types de découvertes. Le premier c'est la découverte des structures de non-équilibre ou structures « dissipatives ». Cette nou-

1. I. Asimov, *The Last Question* (1956), in *Robot Dreams*, Berkeley Books, New York, 1986.

velle physique du non-équilibre a fait l'objet de nombreux exposés [1], aussi je serai très bref. Rappelons seulement que nous savons aujourd'hui que la matière se comporte de manière radicalement différente dans les conditions de non-équilibre, lorsque les phénomènes irréversibles jouent le rôle fondamental. Un des aspects les plus spectaculaires de ce nouveau comportement est la formation de structures de non-équilibre qui n'existent qu'aussi longtemps que le système dissipe de l'énergie et reste en interaction avec le monde extérieur. C'est là un contraste évident avec les structures d'équilibre telles que les cristaux qui, une fois formés, peuvent rester isolés et sont des structures « mortes » sans dissipation d'énergie.

L'exemple le plus simple de structure dissipative que l'on peut évoquer par analogie, c'est la ville. Une ville est différente de la campagne qui l'entoure. Les racines de cette individuation résident dans les relations qu'elle entretient avec la campagne avoisinante. Si on supprimait ces relations, la ville disparaîtrait.

Les deux domaines de la science où les structures dissipatives sont les plus étudiées sont l'hydrodynamique et la cinétique chimique. A ces domaines, sont venues se joindre récemment d'autres disciplines telle l'optique des lasers.

Un exemple bien connu en hydrodynamique est l'instabilité de Bénard. Dans cette expérience, on chauffe un liquide par-dessous. Lorsqu'une différence de température suffisamment grande s'établit, des tourbillons naissent dans lesquels des milliards de particules se suivent l'une l'autre.

1. Pour une introduction à ces problèmes voir G. Nicolis et I. Prigogine, *A la Rencontre du Complexe*, « Philosophie d'Aujourd'hui », PUF, Paris, France, 1992.

Ainsi le non-équilibre crée des corrélations à *longue portée.* J'aime à dire que la matière à l'équilibre est aveugle, chaque molécule ne « percevant » que les premières molécules qui l'entourent. Par contraste, le non-équilibre conduit la matière « à voir ». Une nouvelle cohérence émerge alors. La variété des structures de non-équilibre que l'on découvre progressivement est un sujet de perpétuel étonnement. Ces structures montrent le rôle créateur fondamental des phénomènes irréversibles, donc de la flèche du temps.

Prenons un réservoir contenant de la matière, *isolé* du monde. Ce système va atteindre l'équilibre. Si, au microscope, nous observons les molécules, nous verrons un mouvement désordonné incessant : c'est le « chaos moléculaire » (qu'il faut distinguer du chaos « dynamique », nous y reviendrons). Si maintenant nous ouvrons le système et que nous permettons à des flux d'énergie et de matière de pénétrer dans le système, la situation change radicalement. D'un côté, à l'échelle macroscopique, nous avons des phénomènes irréversibles, flux de chaleur, réactions chimiques, qui conduisent à de nouvelles structures spatio-temporelles impossibles à réaliser à l'équilibre. D'un autre côté, le chaos moléculaire s'organise et donne lieu à des brisements de symétrie temporelle, à des brisements de symétries d'espace.

Donnons deux exemples de « structures dissipatives ». Commençons par les oscillateurs chimiques. Pour simplifier, représentons-nous le système comme formé de molécules X et Y de couleurs « différentes ». L'image intuitive que nous nous faisons des collisions est qu'elles correspondent à des rencontres au hasard. Nous devrions donc nous attendre à trouver des flashes de bleu associés à X ou de rouge associés à Y. Au lieu de cela, nous voyons une alternance périodique des couleurs rouge et bleue.

Aujourd'hui, nous connaissons un grand nombre d'oscillateurs chimiques de ce type. L'apparition de la solution oscillante loin de l'équilibre se fait à partir d'un point de « bifurcation ». Les points de bifurcation correspondent au diagramme représenté dans la figure 2.

Des points de bifurcation émergent différentes solutions. Le choix entre ces solutions est donné par un processus probabiliste. Lorsque je répète l'expérience, dans des situations idéales, j'aurai, dans le cas de la figure 2, 50 % de systèmes qui iront sur la branche (b_1), 50 % sur la branche (b_2). Bien entendu, il y a en général d'autres bifurcations qui suivent la première bifurcation. Donc, l'évolution se fait ainsi par une succession de stades décrits par des lois déterministes et par des lois probabilistes. Même au niveau macroscopique, probabilité et déterminisme ne s'opposent pas mais se complètent. L'existence de

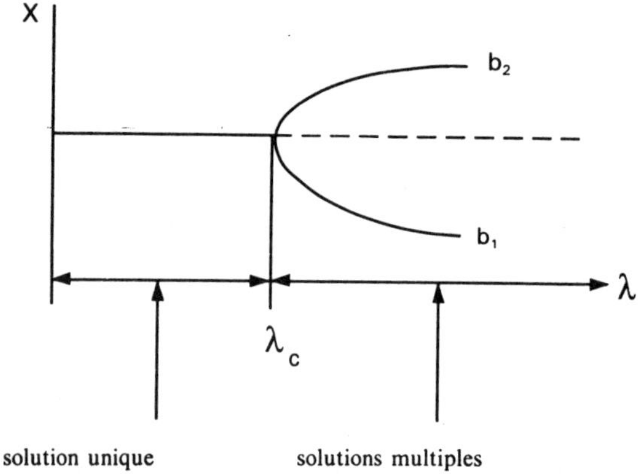

FIG. 2. Points de bifurcation.

bifurcations donne un caractère historique à l'évolution d'un système. L'histoire fait dès lors son entrée dès les systèmes simples de la chimie et de l'hydrodynamique.

Une propriété remarquable de ces bifurcations est leur sensibilité. Le fait est que de petites modifications dans la nature du système conduisent à un choix préférentiel d'une branche plutôt que de l'autre. Pour cela, il suffit de briser la symétrie. La figure 3a représente une bifurcation idéale. Au contraire, la figure 3b représente une bifurcation incomplète due à la présence d'un champ brisant la symétrie entre les deux branches.

Je voudrais indiquer un exemple remarquable de mécanismes de ce brisement de symétrie. Je me réfère à un travail récent de Kondepudi et de ses collaborateurs intitulé « Chiral Symmetry Breaking in Sodium Chlorate Crystalization [1] ». Les molécules de chlorate de sodium $NaClO_3$ sont optiquement inactives, c'est-à-dire qu'elles ne font pas tourner le plan de polarisation de la lumière. Par contre, les cristaux de $NaClO_3$ sont optiquement actifs. Il y a donc deux formes : une forme dextrogyre et une forme lévogyre. Si on refroidit une solution de $NaClO_3$, il se forme le même nombre de cristaux lévogyres et dextrogyres à des fluctuations statistiques près. Supposons que l'on mette un agitateur qui agite la solution en train de se refroidir. Alors, nous constatons que les molécules conduisent toutes soit à des cristaux lévogyres, soit à des cristaux dextrogyres. Comment est-ce possible ? Le choix entre un cristal dextrogyre et un cristal lévogyre peut être considéré comme une bifurcation. Dans

1. D. Kondepudi, R. J. Kaufman et N. Singh, in *Science*, 250 (1990), p. 975.

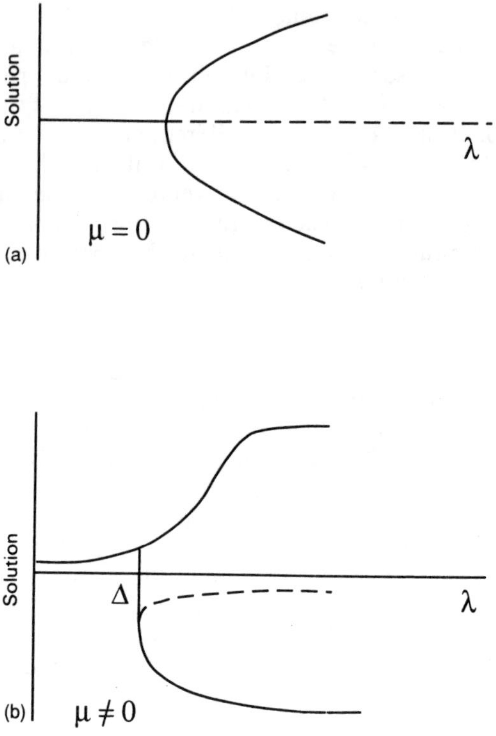

FIG. 3. Bifurcation incomplète. Sélection d'une bifurcation au moyen d'une perturbation liée au champ extérieur μ et obtenue par brisement de symétrie. La séparation minimale Δ entre les branches perturbées doit être supérieure à la perturbation due aux fluctuations.

le milieu en repos, ces bifurcations sont indépendantes. Cinquante pour cent se conduisent d'une manière, cinquante de l'autre. Dans un système agité, la première bifurcation donne naissance soit à une forme gauche, soit à une forme droite. A cause de l'agitation, les germes des premiers cristaux sont répandus dans le milieu. Dès lors, nous trouvons soit uniquement des cristaux lévogyres, soit uniquement des cristaux dextrogyres. Le champ brisant la symétrie du système de la figure 3 est ici produit par l'agitation.

Il est amusant de rappeler ici l'importance qu'attachait Pasteur à la symétrie moléculaire. Pour lui, la différence entre les cristaux lévogyres ou dextrogyres était essentielle pour comprendre le phénomène de la vie. Pasteur n'a-t-il pas écrit : « La vie telle qu'elle se manifeste à nous est une fonction de l'asymétrie de l'univers et une conséquence de ce fait. »! L'univers est dissymétrique. Nous comprenons mieux cette affirmation aujourd'hui puisque le brisement de symétrie auquel Pasteur fait allusion est lié au non-équilibre, à l'irréversibilité. Quant à l'irréversibilité, elle nous apparaît elle-même comme une conséquence de l'instabilité inhérente aux lois dynamiques de la matière.

Nous passons maintenant à une autre manifestation spectaculaire du brisement de symétrie introduite par la flèche du temps. C'est la formation des structures stationnaires de non-équilibre. La formation de ces structures avait été prédite par Turing dans un travail fondamental de 1952 [1] et étudiée de manière plus quantitative

1. A. Turing, « The Physical Basis of Morphogenesis », in *Philosophical Transactions of the Royal Society*, B/237 (1952).

par notre groupe dans les années 60 [1]. Mais ce n'est qu'au cours de l'année passée que ces structures de non-équilibre ont été observées expérimentalement dans les laboratoires de Bordeaux [2] et d'Austin [3] au Texas (fig. 4). La difficulté expérimentale essentielle était d'éviter les courants de convection qui détruisent ces structures. Du point de vue théorique, ce qui est peut-être le plus important dans l'observation de ces structures, c'est que nous pouvons vérifier ici l'apparition de dimensions intrinsèques dues aux phénomènes irréversibles. Essentiellement, la distance entre « les mailles » de ces structures est déterminée par le rapport $\sqrt{\frac{D}{k}}$, où D est un coefficient de diffusion et k l'inverse d'un temps lié à la vitesse de réaction chimique. Nous voyons apparaître

(a) (b) (c)

FIG. 4. Structures de Turing.

1. Voir P. Glansdorff et I. Prigogine, *Structure, stabilité et fluctuations*, Masson, Paris, 1971.
2. V. Castets, E. Dalos, J. Boissonade et P. De Kepper, « Experimental Evidence of Sustained Standing Turing-Type Non Equilibrium Chemical Patterns », in *Physics Review Letters*, 64 (1990), p. 2953-2956.
3. Q. Ouyang et H. L. Swinney, « Transition from a Uniform State to Hexagonal and Striped Turing Patterns », in *Nature*, 352 (1991), p. 610.

toute une nouvelle cristallographie de non-équilibre.

Les exemples qui précèdent se rapportent à la formation de structures. Mais les processus de non-équilibre peuvent aussi donner naissance à des signaux non périodiques, plus irréguliers. On parle alors de « chaos dissipatif temporel » ou chaos spatio-temporel (voir fig. 5).

Nous insistons sur le fait que, du point de vue moléculaire, il s'agit toujours de phénomènes collectifs mettant en jeu des milliards de milliards de molécules. L'irréversibilité conduit à des nouveaux phénomènes d'ordre. Ce qu'il faut retenir aussi c'est que, déjà au niveau macroscopique, nous assistons à un « mélange » de déterminisme et de probabilités. Dans un de ses derniers travaux, Einstein [1] revenait sur le rôle des probabilités en physique. Il concluait que ceux qui pensaient que le caractère statistique de la mécanique quantique allait détruire le déterminisme au niveau *macroscopique* qui est le nôtre allaient être déçus. Les considérations statistiques de la mécanique quantique ne s'appliquaient en tout cas qu'au niveau microscopique. C'est là un des points intéressants de l'étude des points de bifurcation que je viens d'évoquer. Ces points de bifurcation montrent que même au niveau macroscopique la prédiction que nous pouvons faire du futur est un mélange de déterminisme et de probabilités. Au point de bifurcation la prédiction a un caractère probabiliste tandis qu'entre les points de bifurcation nous pouvons parler de lois déterministes.

1. A. Einstein, *Autobiographical Notes*, in P.A. Schilpp, éd., *Albert Einstein : Philosopher-Scientist*, New York, 1949.

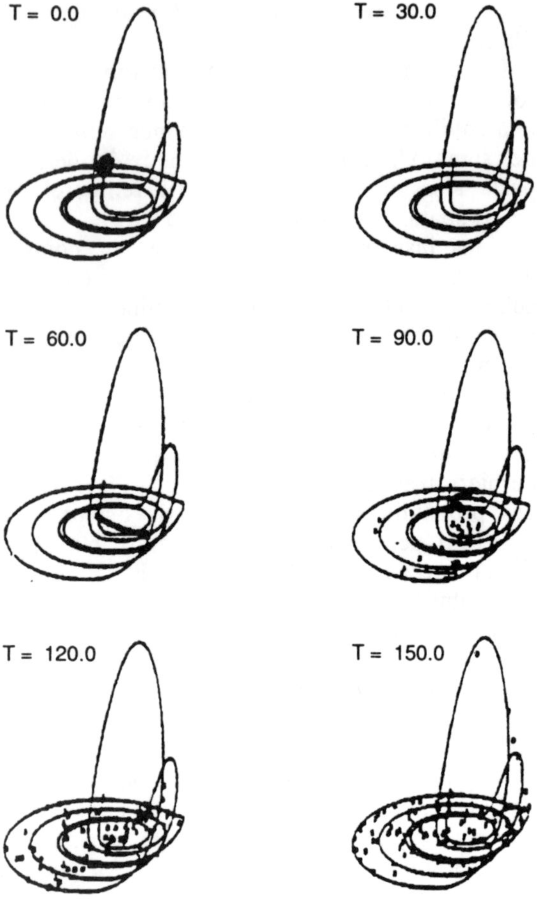

FIG. 5. Chaos spatio-temporel. Les points représentatifs d'abord concentrés dans une région (la boule noire au temps initial T = O) se distribuent progressivement le long des trajectoires d'un système chaotique [1].

1. Nous remercions notre collègue G. Nicolis de nous avoir fourni cette illustration.

Nous voyons dans tous ces exemples que la « flèche du temps » a un rôle créateur de structures. Nous ne pouvons parler de « système » que dans les situations de non-équilibre. Sans les corrélations à longue portée dues au non-équilibre, il n'y aurait ni vie ni cerveau.

Dès lors, les phénomènes de non-équilibre conduisent à une résurgence du paradoxe du temps. Nous y voyons, avant tout, le rôle *constructif* du temps. Les phénomènes irréversibles ne se réduisent pas, comme on le pensait naguère, à un accroissement de « désordre ». Au contraire, les phénomènes irréversibles ont un rôle constructif très important. Mais cela nous oblige à réviser nos idées concernant les fondements dynamiques des phénomènes irréversibles. Dans l'image classique, l'irréversibilité était due à nos approximations, à notre ignorance. C'est nous qui introduisions de cette manière l'irréversibilité dans une nature qui, elle, est réversible dans le temps et déterministe. Une manière plus sophistiquée d'exprimer la même idée était de parler de *coarse graining*. En plus des résultats de la dynamique, nous devions tenir compte de ce que dans le monde macroscopique nous ne pouvions suivre que des grandeurs *moyennes*. Cette image de *coarse graining* est donc une autre forme pour exprimer l'idée que c'est notre ignorance qui conduit à l'irréversibilité. On pouvait à la limite soutenir de telles idées à propos de manifestations très simples, des phénomènes irréversibles tels que viscosité ou diffusion. Mais cela devient impossible devant les oscillateurs chimiques ou les structures de Turing. Cela conduirait à des absurdités. Il faudrait attribuer le fonctionnement de notre vie à notre ignorance, ou la rejeter dans ce qui est seulement phénoménologique.

La vie serait-elle moins « fondamentale » que la non-vie ? Il est très heureux que, comme nous allons le voir dans la suite de cet exposé, nous puissions aujourd'hui rattacher l'irréversibilité non pas à notre ignorance mais à la structure fondamentale des lois de la dynamique classique ou quantique formulées pour les systèmes instables ou chaotiques. L'image classique du monde était bien décrite par Feynman quand, dans son livre *The Character of the Physical Laws* [1], il comparait la nature à une immense partie d'échecs. Chaque mouvement pris isolément serait simple et la complexité tout comme l'irréversibilité résulteraient simplement du grand nombre d'éléments du jeu. Mais aujourd'hui il est difficile d'accepter cette image puisque, déjà au niveau élémentaire, apparaît, comme nous le verrons, le problème de l'instabilité.

Une autre manière d'essayer d'éliminer l'irréversibilité est de faire appel au principe anthropique. C'est ce que fait Stephen Hawking dans son livre déjà cité *Une brève histoire du temps*. Il écrit : « Une flèche thermodynamique forte est nécessaire pour que la vie intelligente puisse agir... » et plus loin : « Pour résumer, les lois de la physique ne font pas de distinction entre les directions future et passée du temps [2]. » Mais comment réconcilier ces deux affirmations ? Si une flèche thermodynamique forte est nécessaire pour que la vie intelligente puisse s'épanouir, il faut que cette flèche thermodynamique possède une contrepartie dans notre description de l'univers. Elle doit donc être aussi réelle que n'importe quel autre phénomène physique. Il est vrai que l'introduction de l'irréversibilité nous force à

1. R. Feynman, *op. cit.*
2. S. Hawking, *op. cit.*, p. 191.

reformuler les lois de la dynamique. Puisque les lois de la dynamique traditionnelle, que ce soit la dynamique classique, quantique ou relativiste, ne contiennent pas la direction du temps, il faut donc chercher à reformuler les lois de la dynamique. Vouloir reformuler ces lois est évidemment une entreprise fort ambitieuse. Je me rappelle une question que Heisenberg aimait poser : « Quelle est la différence entre un peintre abstrait et un physicien théoricien ? » La réponse qu'il aimait donner était qu'un peintre abstrait voulait être aussi original que possible, tandis qu'un physicien théoricien doit être aussi *peu* original que possible. J'accepte cette conclusion de Heisenberg et si je pense qu'il faut reformuler les lois de la dynamique, ce qui peut effectivement paraître excessivement ambitieux, c'est parce que je ne vois pas comment on pourrait d'une autre manière faire entrer le temps dans la description physique du monde. Or, cette introduction du temps au niveau fondamental de description devient une nécessité inéluctable après ce que nous avons appris au cours des dernières dizaines d'années sur le rôle constructif de l'irréversibilité.

Nous avons écrit plus haut que la résurgence du paradoxe du temps était due à deux développements aussi inattendus l'un que l'autre. Le premier, c'est la découverte des structures de non-équilibre. Le second est lié au renouveau de la dynamique classique. Ce renouveau montre bien le caractère imprévisible du développement de la science. Qu'il y ait des développements nouveaux du côté de la mécanique quantique ou de la relativité, tout le monde s'y attendait, mais que la dynamique classique, la plus ancienne des sciences, se métamorphose après trois siècles est un événement peut-être unique dans l'histoire des sciences.

CHAPITRE III

Nous allons nous tourner maintenant vers le monde microscopique, vers le monde de la dynamique. J'ai déjà décrit le combat que Boltzmann a mené pour introduire le second principe de la thermodynamique en physique classique. Il avait été forcé de conclure que l'irréversibilité postulée par la thermodynamique était incompatible avec les lois réversibles de la dynamique. Ses conclusions semblaient confirmées par le fait qu'en relativité et en mécanique quantique le point de vue est resté le même. Les lois de base quantiques ou relativistes restent réversibles par rapport au temps tout comme c'était le cas en dynamique classique. Mais au cours des dernières années un changement dramatique a eu lieu. Un exemple de ce nouveau point de vue qui émerge aujourd'hui est la déclaration solennelle faite en 1986 par Sir James Lighthill, qui était alors président de l'Union internationale de mécanique pure et appliquée [1]. Lighthill s'exprimait comme suit :

1. J. Lighthill, « The Recently Recognised Failure of Predictability in Newtonian Dynamics », in *Proceedings of the Royal Society*, A/407 (1966), p. 35-50.

> Ici, il me faut m'arrêter et parler au nom de la grande fraternité des praticiens de la mécanique. Nous sommes très conscients, aujourd'hui, de ce que l'enthousiasme que nourrissaient nos prédécesseurs pour la réussite merveilleuse de la mécanique newtonienne les a menés à des généralisations, dans le domaine de la prédictibilité (...), que nous savons désormais fausses. Nous voulons collectivement présenter nos excuses pour avoir induit en erreur le public cultivé en répandant, à propos du déterminisme des systèmes qui satisfont aux lois newtoniennes du mouvement, des idées qui se sont, après 1960, révélées incorrectes.

Voilà une déclaration qu'on peut bien qualifier d'exceptionnelle. Les historiens des sciences sont habitués à des révolutions dans lesquelles une théorie est défaite et l'autre est amenée à triompher. Il est vrai aussi que chacun de nous peut faire des erreurs et doit ensuite s'excuser de les avoir commises. Mais il est tout à fait exceptionnel d'entendre des experts reconnaître que pendant trois siècles ils se sont trompés à propos d'un point essentiel de leur domaine de recherche.

Le renouveau de la dynamique, la plus ancienne des sciences occidentales, est un phénomène unique dans l'histoire des sciences. Pendant longtemps le déterminisme était le symbole même de l'intelligibilité scientifique, tandis qu'aujourd'hui il se réduit à une propriété valable seulement dans des cas limites. Ces cas limites correspondent précisément aux systèmes dynamiques stables. Dès lors, la notion de probabilité que Boltzmann avait introduite pour pouvoir exprimer la flèche du temps ne correspond plus à notre ignorance et acquiert une signification objective.

La raison de la déclaration de Sir James Lighthill

est justement la découverte des systèmes dynamiques chaotiques. Le simple fait que des systèmes puissent devenir chaotiques n'est pas une nouveauté. L'exemple classique est la transition entre l'écoulement laminaire et l'écoulement turbulent. Mais un liquide est un système complexe, correspondant à une population énorme de particules en interaction. C'est un système tellement complexe que nous ne pouvons espérer le décrire en termes de trajectoires individuelles. Dès lors, les physiciens pouvaient estimer qu'on devait procéder par approximations et une fois de plus le chaos et l'irréversibilité pouvaient résulter de ces approximations. Mais la nouveauté, c'est qu'actuellement nous avons des systèmes chaotiques qui sont tellement simples que nous ne pouvons plus nous abriter derrière l'écran de la complexité. L'instabilité et l'irréversibilité deviennent partie intégrante de la description au niveau fondamental.

Prenons d'abord un exemple très simple : le « décalage de Bernoulli ». Il s'agit d'une itération très simple. Prenez un nombre quelconque *x*, compris entre 0 et 1. Multipliez-le par 2 à intervalles réguliers, par exemple toutes les secondes, et si le résultat dépasse l'unité, soustrayez l'unité. Nous obtenons ainsi x' = 2x (mod. 1). C'est ici l'« équation du mouvement ». Il est facile d'imaginer de telles suites de nombres (par ex. 0,13; 0,26; 0,52; 0,04; 0,08...). Les nombres successifs croissent jusqu'à dépasser l'unité puis sont réinjectés dans l'intervalle 0 - 1 (voir fig. 6a). Pour comprendre ce qui se passe, il est utile de représenter le nombre *x* en système binaire, c'est-à-dire d'écrire :

$$x = \frac{u_{-1}}{2} + \frac{u_{-2}}{4} + \frac{u_{-3}}{8} + \ldots$$

où u_{-1}, u_{-2},... sont des nombres égaux à 0 ou 1. Le décalage x' = 2x (mod. 1) correspond alors au déplacement $u'_n = u_{n-1}$. Tous les nombres u_i sont décalés vers la gauche. Considérons deux nombres qui ne diffèrent que très peu, par exemple, de termes à partir du nombre $\frac{u_{-40}}{2^{40}}$. Au bout de 40 décalages, ils vont différer de $\frac{1}{2}$!

C'est en cela que consiste la « sensibilité aux conditions initiales » puisque la moindre erreur sur la condition initiale $(\delta x)_0$ conduit à une amplification exponentielle. Des causes aussi petites que l'on veut ont des conséquences essentielles sur le comportement du système. L'écart entre deux nombres voisins augmente exponentiellement, ou encore, suivant cette loi, la distance entre « deux trajectoires » augmente exponentiellement avec le temps $(\delta x)_n = (\delta x)_0 \exp\lambda n$. Le coefficient λ est appelé le « coefficient de Lyapounoff » et 1/λ est le temps de Lyapounoff. Les systèmes qui présentent une telle divergence exponentielle sont par définition des systèmes *chaotiques.* Ils possèdent une échelle de temps intrinsèque définie par le temps de Lyapounoff 1/λ. Après une évolution longue par rapport au temps de Lyapounoff, la mémoire de l'état initial est perdue. Que faire dans cette situation ? La notion

Fig. 6. Diagramme de Bernoulli et transformations dyadiques.
(a) Diagramme de Bernoulli.
(b) Avec une probabilité initiale y = 2x, les applications successives à l'aide de l'opérateur de Perron-Frobenius donnent une probabilité voisine de $\rho \equiv 1$.
(c) Trajectoire calculée en partant de la valeur initiale $x^0 \cong$ 0,0005.
L'irrégularité d'une telle trajectoire est à comparer avec une lente approche systématique de la probabilité en (b) vers une limite.
[Les figures (b) et (c) sont tirées de A. Lasota et M. Mackey, *Probabilistic Properties of Deterministic Systems,* Cambridge University Press, Cambridge, 1985.]

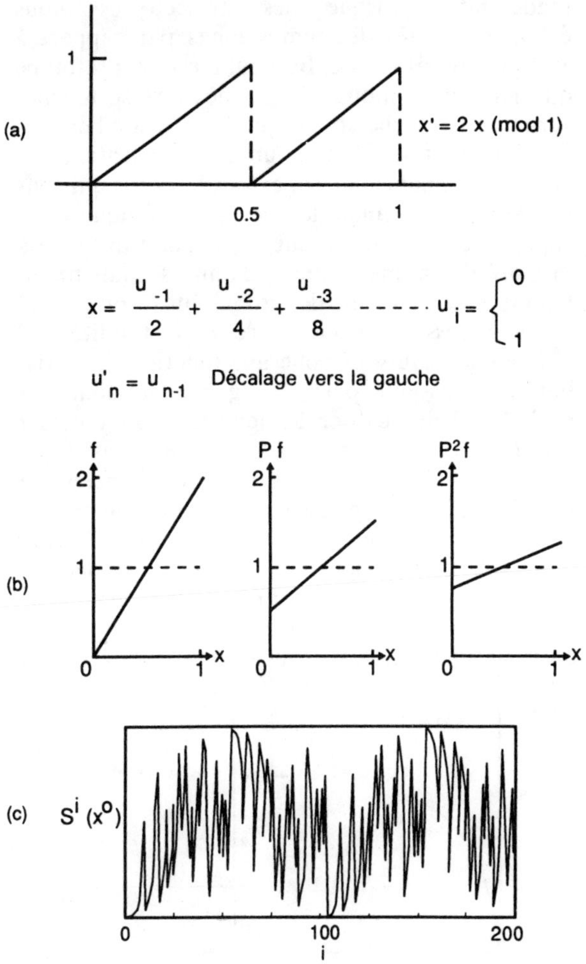
(a)
1
x' = 2 x (mod 1)
0.5
1
x = u-1/2 + u-2/4 + u-3/8 ----- ui = 0 / 1
u'n = un-1 Décalage vers la gauche
(b)
f
P f
P2f
2
1
0
1
x
(c)
Si (xo)
0
100
200
i

de trajectoire qui est l'outil fondamental de la dynamique classique devient ici une idéalisation inadéquate puisque les trajectoires nous échappent après des temps longs par rapport à $1/\lambda$. Le décalage de Bernoulli est le prototype du chaos dynamique. Il faut dès lors se tourner vers une approche statistique fondée sur l'emploi de probabilités. C'est là un point essentiel, car en abandonnant les trajectoires, nous quittons les certitudes tranquilles de la dynamique classique. C'est en fait ce que Boltzmann avait déjà proposé il y a une centaine d'années, mais maintenant l'introduction de probabilités correspond à une nécessité objective liée à l'instabilité.

Nous introduisons donc une fonction de distribution statistique ρ (x,t) (fig. 7), qui donne la probabilité de réaliser le nombre *x* au temps *t* (ou après *n* itérations). La description statistique correspond à une généralisation du concept de trajectoire. Nous retrouvons la notion de trajectoire lorsque nous prenons une distribution $\delta(x-x_0)$. La fonction $\delta(x-x_0)$ est une fonction « singulière ». Elle est différente de zéro pour $x = x_0$ et nulle partout ailleurs. Nous savons alors qu'il y a une trajectoire au point x_0. Nous aurons

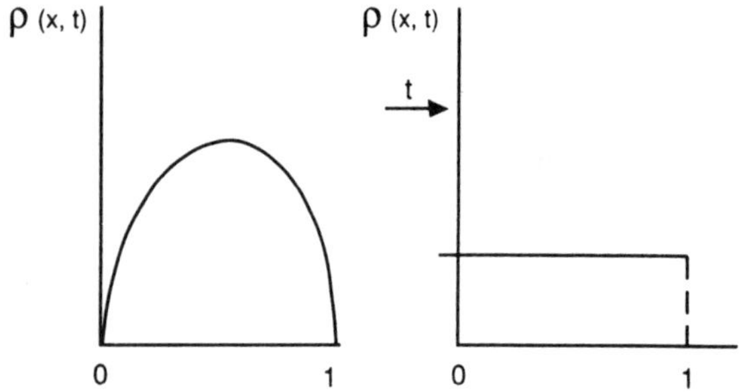

FIG. 7. Description statistique.

encore à revenir sur le rôle des distributions qui sont des fonctions singulières.

Que pouvons-nous dire de l'évolution de la fonction de distribution ρ au cours du temps. Un théorème important (voir par ex. Schuster [1]) exprime que, dans le cas du décalage de Bernoulli, la distribution va tendre vers l'uniformité dans l'intervalle entre zéro et un (en termes techniques, cela signifie que le décalage de Bernoulli est « mixing », voir appendice). Mais nous voudrions aller plus loin et analyser quantitativement cette évolution de la distribution initiale vers la distribution atteinte asymptotiquement avec le temps. Nous pouvons écrire formellement :

$$\rho_{n+1}(x) = U \rho_n(x)$$

où $\rho_{n+1}(x)$ est la distribution statistique après $n+1$ décalages et $\rho_n(x)$ celle après n décalages. L'opérateur U transforme donc ρ_n en ρ_{n+1}. Cet opérateur est appelé l'« opérateur de Perron-Frobenius ».

La physique des trajectoires devient maintenant la physique des fonctions de distribution. Les lois du mouvement – dans le cas de Bernoulli c'est simplement la récurrence $x_{n+1} = 2x_n \pmod 1$ – deviennent les lois d'évolution de ρ par suite de l'effet de l'opérateur d'évolution U.

Dans le cadre de Bernoulli, nous pouvons donner la forme explicite de cet opérateur. Nous donnons ici les résultats. Le lecteur intéressé par les calculs les trouvera dans l'appendice. On trouve :

1. H. Schuster, *Deterministic Chaos*, Physik, Weinheim, 1984.

$$\rho_{n+1}(x) = \frac{1}{2}\left[\rho_n\left(\frac{x}{2}\right) + \rho_n\left(\frac{1+x}{2}\right)\right]$$

Il est facile de vérifier que, si ρ_n est une constante, ρ_{n+1} le sera aussi (la distribution uniforme est maintenue). De même, si $\rho_n(x) = x$, $\rho_{n+1}(x) = \frac{1}{4} + \frac{x}{2}$ et les décalages successifs rapprochent ρ d'une constante, comme dans la figure 6.

Nous devons donc procéder à l'analyse de l'opérateur U. Comme déjà mentionné, le problème du calcul des trajectoires est remplacé par le problème de l'analyse des propriétés de l'opérateur U. C'est ici que s'introduit la nouveauté de notre méthode. Que l'instabilité conduise à l'introduction de probabilités, cela n'a rien d'étonnant et a été souligné par de nombreux auteurs [1].

Mais pour nous ce n'est que le point de départ. Nous devons développer les mathématiques qui permettent d'analyser l'opérateur U décrivant l'évolution des probabilités. C'est à ce point précis que se pose le problème essentiel : comment s'établit à ce niveau le brisement de symétrie temporelle ? Quand nous parlons de reformulation des lois de la nature, c'est justement en termes de propriétés de l'opérateur d'évolution. Comme je l'ai déjà indiqué, cet exposé demande un minimum de précision car il doit introduire le lecteur à des domaines des mathématiques explorés seulement très récemment.

C'est là un fait historique. Les lois de la nature dans la science occidentale s'écrivent en termes mathématiques. Les développements de la physique théorique et des mathématiques sont tou-

1. P. Shields, *The Theory of Bernoulli Shifts*, University of Chicago Press, Chicago, 1973.

jours allés de pair. Cela est vrai de la dynamique classique, de la mécanique quantique, de la relativité et c'est encore vrai ici.

Le problème de décrire l'évolution d'un système dynamique sans faire appel à des trajectoires s'est déjà posé en mécanique quantique, aussi l'étude de l'opérateur d'évolution U rappelle très fort les problèmes fondamentaux de la mécanique quantique.

Nous reviendrons encore sur la mécanique quantique dans la suite de cet exposé. Mentionnons seulement que la grandeur fondamentale y est la fonction d'onde Ψ (x,t) qui obéit à l'équation de Schrödinger; c'est une équation de la forme $i\frac{\partial\Psi}{\partial t} = H\Psi$ qui exprime que la variation temporelle de la fonction d'onde Ψ est donnée par l'effet de l'opérateur H sur Ψ (dans tout cet ouvrage, on a choisi des unités telles que la constante de Planck h = 1). L'opérateur H se ramène dans le cas classique à l'« hamiltonien », c'est-à-dire à l'énergie du système exprimée en termes de variables mécaniques, coordonnées et quantités de mouvement. On l'appelle dès lors l'opérateur hamiltonien (il agit sur Ψ). (Je reviendrai encore sur l'équation de la mécanique quantique dans la suite.) Nous pouvons, grâce à cette équation, rattacher la valeur de l'amplitude Ψ à l'instant t à sa valeur à l'instant t_0. En effet, la solution de l'équation est :

$$\Psi(t) = e^{-iH(t-t_0)}\Psi(t_0) = U(t-t_0)\Psi(t_0)$$

U est ici l'opérateur d'évolution de la mécanique quantique. On voit l'analogie avec l'opérateur de Perron-Frobenius.

Il y a aussi des différences : la fonction d'onde

ne représente pas une probabilité, mais elle représente une « amplitude de probabilité ». La probabilité de trouver un système au point correspondant à l'instant t est proportionnelle à $\Psi(t,x)\Psi^{cc}(t,x)$. Nous y reviendrons aussi. De toute manière il devient naturel d'essayer de transposer les méthodes qui ont réussi pour analyser l'évolution de l'amplitude Ψ dans le cadre de la mécanique quantique aux systèmes chaotiques tels que le décalage de Bernoulli. Mais de nouveaux problèmes se posent parce que dans le cas de la mécanique quantique l'évolution est essentiellement périodique. Si on remplace H par un nombre ordinaire, on voit que l'opérateur d'évolution U, dans la formule donnée plus haut, devient une fonction oscillante. Le problème est différent pour les systèmes chaotiques puisque nous nous attendons là à trouver une évolution irréversible vers une distribution d'équilibre. Nous devons donc généraliser le problème de la mécanique quantique pour inclure dans l'opérateur d'évolution les propriétés correspondant à l'évolution temporelle du système tel que le temps de Lyapounoff. Formellement, cela revient à remplacer l'opérateur hamiltonien H non par un nombre réel mais par un nombre complexe (qui a une partie réelle et une partie imaginaire). La partie imaginaire peut décrire un comportement *amorti.* En termes techniques, nous devons étendre la théorie spectrale à valeurs propres réelles (c'est-à-dire qui associe à H des nombres réels) à une théorie spectrale *complexe* (voir appendice). Cela demande des modifications assez profondes et les travaux sont récents, quoique s'appuyant sur des travaux déjà classiques de grands mathématiciens tels que von Neumann, Gelfand et d'autres (voir références en appendice).

Nous présentons ici un exposé qualitatif simplifié. On trouvera plus de détails dans l'appendice. Le schéma qui émerge est le suivant : instabilité (temps de Lyapounoff) → probabilité → irréversibilité. L'instabilité, le chaos nous forcent à passer à un schéma probabiliste (abandon des trajectoires en mécanique classique, des fonctions d'onde en mécanique quantique), le schéma probabiliste nous amène à étudier l'opérateur d'évolution correspondant et cette étude nous permet d'expliciter le brisement de symétrie temporelle et dès lors, l'irréversibilité.

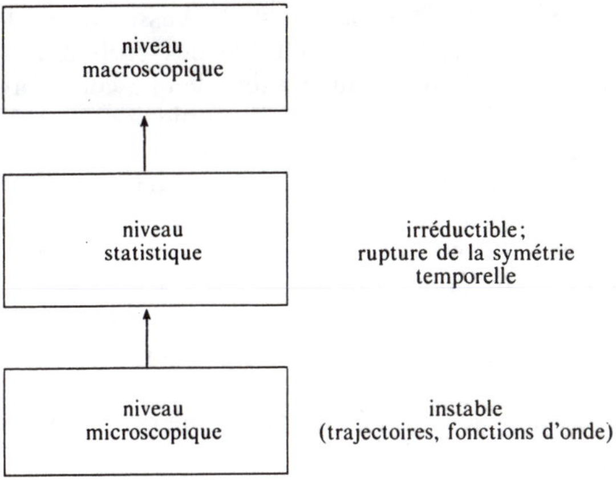

FIG. 8. Niveaux de description.

Le résultat essentiel de notre étude est que, pour les systèmes instables, les lois fondamentales de la dynamique classique (ou quantique, voir plus loin) se formulent en termes de propriétés de l'évolution de *probabilités*. Il existe toujours des trajectoires mais au niveau statistique apparaissent des solutions supplémentaires.

C'est à ce niveau que nous pouvons expliciter les lois du chaos et décrire les changements que l'instabilité et le chaos introduisent dans notre vision du monde.

Il faut noter que l'exemple que nous avons donné, le décalage de Bernoulli n'est pas vraiment un système dynamique. Les équations des systèmes dynamiques classiques ou quantiques sont réversibles : + *t* et − *t* y jouent le même rôle. Ici ce n'est pas le cas. Si au lieu de considérer l'application x' = 2x nous considérons l'application inverse $x' = \frac{x}{2}$, nous aboutirons, à la suite des itérations, au point x = 0. Aussi, avant de revenir à l'étude de l'évolution des probabilités, donnons d'abord un autre exemple qui, cette fois, correspond à un système dynamique. C'est la transformation dite du « boulanger ».

La transformation du boulanger consiste essentiellement dans la transformation géométrique suivante. Nous prenons un carré, nous l'étirons dans la direction horizontale par un facteur 2 et puis nous replaçons la partie de droite sur la partie de gauche. L'opération est illustrée par la figure 9.

Quand nous répétons cette opération, nous

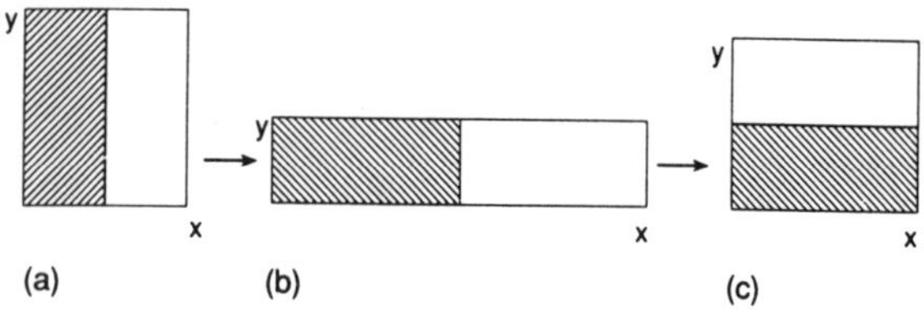

FIG. 9. La « transformation du boulanger ».

Le carré (a) s'aplatit en un rectangle (b). La moitié droite du rectangle est alors placée sur celle de gauche afin de former de nouveau un carré (c).

obtenons une fragmentation de plus en plus grande le long de la coordonnée verticale (voir fig. 9). En revanche, lorsque nous allons vers le passé, nous obtenons une fragmentation de plus en plus fine le long de l'abscisse *x* et la fonction de distribution devient uniforme en la coordonnée verticale *y*.

C'est de nouveau un système instable, très semblable au système de Bernoulli. Deux points qui étaient très proches au début des transformations s'écartent exponentiellement et se trouveront dans le futur dans des régions différentes. Nous retrouvons la loi exponentielle $(\delta r)_n = (\delta r)_0 2^n = (\delta r)_0 e^{n \lg 2}$, où *r* est la distance entre deux points, avec comme pour le problème du boulanger un exposant de Lyapounoff égal à lg2 (qui provient de ce qu'on multiplie chaque fois par 2 la dimension horizontale). L'instabilité nous force à adopter de nouveau une description statistique. Cette fois-ci la fonction de distribution va dépendre de deux variables x et y et nous aurons la relation $\rho_{n+1}(x,y) = U\rho_n(x,y)$. L'opérateur de transformation U est ici un opérateur « unitaire », contrairement à l'opérateur de Bernoulli (voir appendice). Le fait que c'est un opérateur unitaire implique qu'il admet un inverse, ce qui n'est pas le cas de Bernoulli qui comme nous l'avons vu conduit à un attracteur dans la direction des temps négatifs et à l'uniformité pour des temps positifs.

Que signifie l'approche vers l'« équilibre » pour la transformation du boulanger? Comme nous l'avons déjà remarqué, lorsque le temps croît, la répartition devient de plus en plus fragmentée le long de la direction *y* (voir fig. 9). Si nous prenons une grandeur qui dépend d'une manière continue de la coordonnée *y*, la valeur moyenne de cette grandeur ne sera plus sensible aux variations de la fonction de distribution ρ le long de y si elles sont suffisamment rapides. Une telle grandeur continue suivant la direction y est appelée une fonction « test ». Pour des fonctions tests, tout se passe comme si la distribution pour des temps longs était homogène. En effet, la distinction entre les régions hachurées et les régions non hachurées de la figure 9 disparaît alors. C'est dans ce sens et en association avec des fonctions tests que nous pouvons parler d'approche vers l'équilibre (qui correspond ici à la distribution uniforme). L'introduction des fonctions tests peut faire penser à une notion qui a été souvent discutée en mécanique statistique et que nous avons déjà signalée. C'est la notion de *coarse graining* (« distribution grossière »). Elle a été introduite par les Ehrenfest [1] pour expliquer la contradiction apparente entre la réversibilité dynamique et l'irréversibilité phénoménologique. Comme nous l'avons déjà vu, l'irréversibilité ne se rapporterait pas à une description microscopique précise mais à une description approchée, *coarse grained.* Dans cette image, c'est nous qui introduisons le *coarse graining* et une fois de plus l'irréversibilité résulte de nos approximations. Ce n'est pas le cas dans notre approche. Comme nous allons le voir, les fonctions tests que nous devons introduire et qui précisent le sens dans lequel nous devons comprendre l'approche vers l'équilibre résultent de la description mathématique de ce processus et ne contiennent aucun élément subjectif ou arbitraire.

1. P. Ehrenfest et T. Ehrenfest, « Begriffliche Grundlagen der statistischen Auffassung der Mechanik », in *Encycl. Math. Wiss.,* vol. 4, p. 4, 1911. (Rééd. anglaise, *The Conceptual Foundations of Statistical Mechanics,* Cornell University Press, Ithaca, 1959.)

CHAPITRE IV

Passons maintenant à l'étude de l'opérateur d'évolution U. C'est donc l'opérateur U de Perron-Frobenius pour le décalage de Bernoulli.

Nous avons donné plus haut l'expression explicite de l'opérateur de Perron-Frobenius. Pour analyser l'effet de cet opérateur sur la distribution des probabilités, nous devons introduire les notions de fonction propre et de valeur propre. En général, un opérateur correspond à une prescription mathématique qui transforme une fonction en une autre. Nous avons vu plus haut que pour

$$\rho_n(x) = x, \; \rho_{n+1}(x) = \frac{1}{4} + \frac{x}{2}.$$

En d'autres termes : $Ux = \frac{1}{4} + \frac{x}{2}$. Mais il existe des fonctions qui restent invariantes lorsqu'on applique l'opérateur U. De telles fonctions sont par définition des fonctions propres. Ainsi, lorsque $\rho_n(x) = \alpha$, nous avons aussi $\rho_{n+1}(x) = \alpha$ ou $U\alpha = \alpha$; dès lors α est une fonction *propre* (ici c'est une constante). En général, une fonction propre est multipliée par un nombre par application de l'opérateur U. Ainsi, pour $\rho_n(x) = x^2 - x + \frac{1}{6}$, nous avons

$$U(x^2-x+\frac{1}{6}) = \frac{1}{2^2}(x^2-x+\frac{1}{6}).$$

C'est une fonction propre correspondant à la valeur propre $\frac{1}{2^2}$. La distribution $x^2-x+\frac{1}{6}$ garde donc une forme invariante lors du décalage de Bernoulli mais est multipliée par $\frac{1}{4}$. En répétant le décalage *n* fois, le facteur d'amortissement devient $\left(\frac{1}{2^2}\right)^n$ Une contribution à la probabilité qui a la forme $x^2-x+\frac{1}{6}$ tend donc rapidement vers zéro pour n croissant. Notons que les valeurs propres sont liées au temps de Lyapounoff lg2. Alors que, du point de vue des trajectoires, le temps de Lyapounoff est un élément *d'instabilité,* il devient un élément de stabilité du point de vue des fonctions de probabilités. Plus le temps de Lyapounoff est grand, plus rapide est l'amortissement et l'approche vers l'uniformité. La formule que nous avons donnée plus haut pour $x^2-x+\frac{1}{6}$ est un cas particulier. Les fonctions propres de U sont des polynômes $B_n(x)$ appelés polynômes de Bernoulli (à $B_n(x)$ correspond un polynôme de degré *n*) et on a $UB_n(x) = \frac{1}{2^n} B_n(x)$, l'amortissement est donc d'autant plus rapide que le degré du polynôme est plus élevé. Donc si nous décomposons $\rho(x)$ en une somme de polynômes de Bernoulli, ce sont les contributions des polynômes de degré élevé qui disparaîtront les premiers jusqu'à ce que ne subsiste qu'une distribution uniforme.

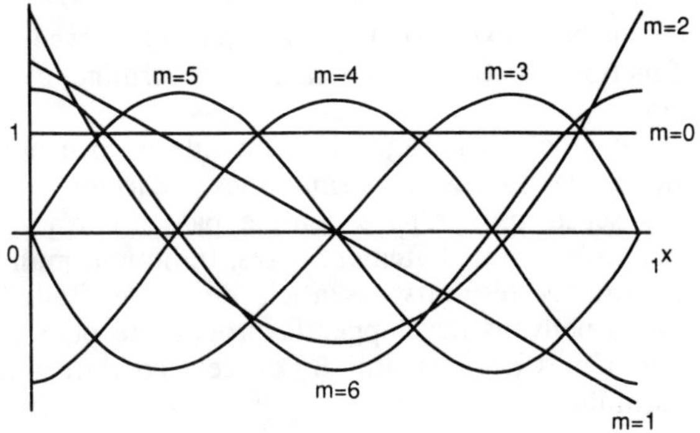

FIG. 10. Polynômes de Bernoulli.

Dans les problèmes habituels de mécanique quantique, une fois que nous avons les fonctions propres de l'opérateur U, le problème de l'évolution temporelle est résolu. Ici, la situation est plus compliquée : nous cherchons à obtenir une théorie spectrale *complexe* dans laquelle les valeurs propres aient une partie réelle et une partie imaginaire. Cela demande une extension du formalisme mathématique utilisé en mécanique quantique et en particulier l'introduction de deux ensembles de grandeurs $B_n(x)$ et $\tilde{B}_n(x)$. De plus les fonctions $\tilde{B}_n(x)$ ne sont pas des fonctions « normales » mais sont des fonctions singulières (voir appendice).

Il est important que le lecteur se fasse une idée de ces fonctions singulières également appelées « distributions ». J'ai déjà mentionné la fonction singulière la plus simple : la fonction δ. Nous avons vu que $\delta\ (x-x_0)$ est une fonction qui n'est différente de zéro que pour $x = x_0$ et est nulle partout ailleurs. Ces fonctions singulières doivent être utilisées en conjonction avec des fonctions continues, des fonctions « tests ». Un produit de distributions n'a en général pas de sens; en revanche, l'expression $\int dx f(x)\delta(x-x_0)$ avec la fonction test f(x) a un sens bien déterminé, c'est $f(x_0)$.

Le prochain paragraphe demande un peu plus de connaissances mathématiques, le lecteur qui n'y serait pas préparé peut le passer car je le résumerai immédiatement après. Indiquons maintenant les résultats essentiels de notre étude [1]. Nous pouvons développer la probabilité ρ(x) en polynômes de Bernoulli $B_n(x)$, cela conduit à la formule

$$\rho(x) = \sum_n B_n(x) \int dx' \tilde{B}_n(x') \rho(x')$$

dans laquelle apparaissent à la fois les grandeurs $B_n(x)$ et les fonctions singulières $\tilde{B}_n(x)$. L'application de l'opérateur de Perron-Frobenius donne alors

$$U\rho(x) = \Sigma \frac{1}{2^n} B_n(x) \int dx' \tilde{B}_n(x') \rho(x')$$

car $B_n(x)$ est, comme nous l'avons vu, une fonction propre de U correspondant à la valeur propre $\frac{1}{2^n}$. Si j'écris ces formules, c'est qu'elles nous apportent quelque chose d'essentiel. Il y figure les intégrales $\int dx' \tilde{B}_n(x') \rho(x')$ qui comportent la fonction singulière $\tilde{B}_n(x')$.

1. Les références aux travaux originaux correspondants sont placés après l'appendice.

A cause de cela nous ne pouvons pas appliquer ces formules à une seule trajectoire puisque nous aurions alors sous le signe intégral un produit de deux fonctions singulières. Or, comme nous venons de le voir, une fonction singulière n'a de sens, sous une intégrale, qu'associée à une fonction continue.

Résumons nos résultats. Nous pouvons, dans le cas de systèmes chaotiques classiques, remplacer l'étude des trajectoires par l'étude de l'opérateur d'évolution U grâce à l'emploi de méthodes qui généralisent celles utilisées en mécanique quantique. Mais la nouveauté est que cette description ne s'applique qu'à des fonctions de distribution *continues* (des fonctions tests). Cela signifie que *les trajectoires sont éliminées de la description probabiliste.* Nous avons déjà remarqué que, dans le cas des systèmes chaotiques, les trajectoires étaient « incalculables », mais on pouvait penser qu'il s'agissait là d'une difficulté de calcul sans fondement théorique. Ici nous voyons bien que c'est le contraire qui est vrai. La description probabiliste n'est pas compatible avec la description en termes de trajectoires. En fait nous trouvons une forme de *complémentarité* : ou bien nous décrivons la dynamique en termes de trajectoires ou bien nous utilisons une description probabiliste qui nous donne l'évolution du système vers l'équilibre. Mais cette description, nous ne pouvons pas l'appliquer à des trajectoires, car nous devons utiliser des fonctions *continues* et c'est dans ce sens que le système s'approche de l'équilibre. La description statistique est *irréductible.*

La flèche du temps apparaît au niveau des fonctions de distribution continues. Est-ce une limitation de notre méthode ? Je crois que le contraire est vrai. L'existence de la flèche si évidente au niveau macroscopique montre que la description microscopique doit être en accord avec cette flèche du temps. Nous devons donc éliminer la notion de trajectoire de notre description microscopique. Cela correspond d'ailleurs à une description réaliste : aucune mesure, aucun calcul ne conduisent strictement à un point, à la considération d'une *seule* trajectoire. Nous serons toujours en face d'*ensembles* de trajectoires. Pour les systèmes stables, cela ne fait pas de différence. Car dans un système stable, nous pouvons utiliser la description en termes de trajectoires. Nous pouvons aussi utiliser une description probabiliste mais celle-ci se ramène comme cas particulier à la description en termes de trajectoires. La description statistique est réductible. Au contraire, pour les systèmes chaotiques, la seule description qui inclut l'approche vers l'équilibre est la description statistique. De cette manière nous avons en fait reformulé le problème du chaos. Le chaos n'empêche pas une description quantitative, mais il exige une reformulation de la dynamique au niveau des opérateurs d'évolution, c'est une description probabiliste et réaliste à la fois. Le leitmotiv de tout notre exposé est que la formulation de la dynamique pour les systèmes chaotiques doit se faire au niveau probabiliste. Cette formulation implique l'étude des fonctions propres et des valeurs propres de l'opérateur d'évolution.

Reprenons la transformation du boulanger. Comme nous l'avons vu, il s'agit d'un système dynamique proprement dit, l'opérateur U est unitaire. De ce point de vue ce système est semblable aux systèmes étudiés par la mécanique classique ou quantique.

Les valeurs propres sont liées au temps de Lyapounoff. Pour des temps suffisamment longs, le système se rapproche de l'uniformité. Nous retrouvons les trois étapes notées plus haut : instabilité → probabilité → irréversibilité. Nous comprenons mieux le sens de l'irréversibilité qui n'apparaît que pour des distributions de probabilité « régulières ».

Insistons sur le fait que la nécessité d'exclure les distributions singulières telles les trajectoires ne résulte pas d'une décision arbitraire mais provient de la structure de l'opérateur d'évolution U.

Nous pouvons donc utiliser des théorèmes d'existence très puissants élaborés au cours de ce siècle pour la représentation spectrale des opérateurs unitaires. Sous des conditions très étendues, il existe une représentation spectrale à valeurs propres *réelles*. Mais la chose remarquable, c'est qu'il existe en plus une représentation spectrale complexe du même type que celle que nous avons discutée pour le décalage de Bernoulli et qui contient explicitement les temps de Lyapounoff.

Cette représentation implique de nouveau l'approche vers l'équilibre dans le futur ($t > 0$) et ainsi un brisement de symétrie temporelle. Mais tout comme dans le cas du décalage de Bernoulli, cette représentation fait appel à des fonctions singulières et la théorie n'est applicable qu'en conjonction avec des fonctions tests. Nous arrivons ainsi à une situation nouvelle, jamais rencontrée jusqu'ici en physique théorique. Nous avons plus d'une représentation de l'opérateur d'évolution. Nous devons choisir la « bonne ». Le résultat que nous avons décrit pour la transformation du boulanger est en fait très général. Pour les systèmes chaotiques, nous avons donc le « choix » entre deux formulations : d'un côté, la formulation traditionnelle en termes de trajectoires, de l'autre, la formulation nouvelle, probabiliste, en termes de l'opérateur d'évolution U. Je n'hésite pas à affirmer que c'est la seconde qu'il faut choisir. La représentation traditionnelle est équivalente à une description en termes de trajectoires. Mais nous savons que la notion de trajectoire est limitée par le temps de Lyapounoff.

Au contraire, la nouvelle représentation est plus riche parce qu'elle nous donne le mécanisme d'approche vers l'équilibre en termes de temps de Lyapounoff et inclut le brisement de symétrie temporelle. La découverte de ces nouvelles représentations à symétrie brisée constitue, à notre avis, la solution du paradoxe du temps. Nous obtenons en effet de cette manière une formulation de la dynamique au niveau des fonctions de distribution qui inclut la flèche du temps. C'est à ce niveau et non au niveau des trajectoires (ou des fonctions d'onde comme nous le verrons plus loin) que doivent se formuler les lois de la nature. C'est de cette manière que nous pouvons correctement poser le problème du brisement de symétrie temporelle. En fait, nous croyons avoir réalisé le programme que Boltzmann avait inauguré il y a une centaine d'années. Comme lui, nous sommes allés de la notion de trajectoire à la notion de probabilité; mais nous sommes dans une situation plus favorable que Boltzmann parce que nous avons à notre disposition une théorie plus élaborée des systèmes chaotiques et nous pouvons montrer que l'étude de ces systèmes permet effectivement d'incorporer le second principe de la thermodynamique.

Notons que l'instabilité, le chaos sont pour nous le point de départ pour une reformulation dès lors de la dynamique en y incorporant probabilités et instabilités. Loin d'être liée à des approximations que nous introduirions (« distribution grossière » ou (*coarse graining*), l'irréversibilité apparaît comme la manifestation d'une propriété fondamentale, l'instabilité présente au niveau microscopique, dynamique. Comme nous l'avons déjà souligné dans divers travaux précédents, l'irréversibilité exige une extension de la dynamique et dès lors de la notion de « lois de la nature ».

D'autres exemples d'applications ont été éudiés suivant les mêmes lignes (références après l'appendice). Jetons maintenant un coup d'œil sur des situations plus réalistes et montrons que l'instabilité, le chaos correspondent à la situation normale dans le cadre des problèmes étudiés par la physique contemporaine.

CHAPITRE V

Comme nous venons de le montrer, nous avons jusqu'ici considéré des systèmes chaotiques très simples tels que le décalage de Bernoulli ou la transformation du boulanger. Le temps y entre de manière discontinue. Nous abordons maintenant le cas des systèmes instables dans lequel le temps intervient de manière *continue*. C'est la situation de la dynamique classique ou quantique. Comment définir le chaos pour ces systèmes ? En particulier la définition du chaos pour les systèmes quantiques a provoqué de nombreuses controverses.

Nous avons vu que, dans le cas des applications, la définition habituelle du chaos nous conduit à des représentations statistiques « irréductibles » (nous ne pouvons plus retourner à la description en trajectoires). C'est cette propriété que nous prendrons *comme la définition même du chaos*. Son grand avantage, c'est qu'elle s'étend aux systèmes quantiques. Sont chaotiques les systèmes quantiques dont l'évolution ne peut pas s'exprimer en termes de fonctions d'onde obéissant à l'équation de Schrödinger mais qui demandent une formulation en termes de probabilités. Nous verrons des exemples plus loin.

En physique, nous sommes particulièrement intéressés par les systèmes hamiltoniens qui sont à la base de la dynamique quantique. Rappelons que les variables qui caractérisent un système dynamique classique sont les coordonnées et les vitesses correspondantes. A l'aide des vitesses et des coordonnées, nous pouvons exprimer l'énergie du système qui généralement est de la forme : énergie cinétique plus énergie potentielle. Pour passer à la représentation hamiltonienne, on passe des vitesses aux quantités de mouvement ou « moments ». L'énergie exprimée en termes des moments et des coordonnées est par définition l'hamiltonien. Les variables, quantités de mouvement p et coordonnées q, sont les variables « canoniques ». L'importance fondamentale de la description hamiltonienne, c'est que les équations du mouvement y prennent une forme très simple. Un cas particulier très important, c'est le cas où l'hamiltonien ne dépend que des moments. Dans ce cas-là, l'intégration des équations du mouvement est immédiate parce que les quantités de mouvement sont alors des constantes tandis que les coordonnées correspondantes varient linéairement avec le temps. Lorsque l'hamiltonien prend cette forme, on appelle les quantités de mouvement les « actions » J, et les coordonnées correspondantes sont les angles α. La variation des angles avec le temps est déterminée par les fréquences ω définies par $\omega = \frac{\partial H}{\partial J}$. Il y a autant de fréquences que de degrés de liberté (par exemple 3 pour un point qui se meut dans l'espace à trois dimensions).

Poincaré s'est posé à la fin du siècle passé un

problème d'une extrême importance [1] : peut-on éliminer les interactions ? Précisons le problème. Supposons que nous partions d'un hamiltonien « non perturbé » $H_0(J)$ qui ne dépend que des actions J. Ajoutons une perturbation V qui, elle, dépend des actions J et des angles α. Nous avons donc au total un hamiltonien de la forme $H = H_0 + \lambda V$, où λ est un paramètre mesurant l'intensité du couplage (pour $\lambda = 0$ nous retrouvons le système non perturbé H_0). Pouvons-nous par un procédé systématique éliminer le terme d'interaction et écrire l'hamiltonien comme une fonction des actions seules. C'est le problème central du calcul de « perturbation ». Nous cherchons des nouvelles actions J' qui pour $\lambda \to 0$ se réduisent à J (de plus on suppose que J' peut se développer en puissances de λ). Poincaré a répondu par la négative à cette question. Non seulement il a montré que cela était en général impossible mais il a donné la raison pour laquelle c'était impossible. Cette raison, c'est l'apparition de résonances entre les fréquences ω du système dynamique.

Tout enfant qui a actionné une balançoire sait ce qu'est une résonance. D'une manière précise, c'est une relation linéaire entre des fréquences $n_1\omega_1 + n_2\omega_2 = 0$, où n_1, n_2 sont des nombres entiers. Ces résonances entrent dans le calcul de perturbation et conduisent à des « infinis », à des divergences.

D'une certaine manière, il est très heureux que Poincaré ait démontré l'impossibilité d'éliminer les interactions. Si on pouvait éliminer les interactions, l'univers serait isomorphe à un univers de particules libres. Il serait donc tout aussi « inco-

1. Voir M. Tabor, *Chaos and Integrability in Nonlinear Dynamics*, Wiley-Interscience, New York, 1989.

hérent » et dès lors on n'aurait ni chimie, ni biologie, ni bien entendu émergence des cultures humaines.

Pendant très longtemps le résultat négatif de Poincaré a été considéré plutôt comme une curiosité. En fait, il s'agissait d'un résultat fondamental, car ainsi Poincaré avait établi une différence essentielle entre les systèmes pour lesquels on pouvait éliminer l'interaction, et qu'il appelait systèmes « intégrables », et les systèmes pour lesquels cette élimination était impossible (du moins par un calcul de perturbation), et qu'il appelait « non intégrables ». Mais ce n'est qu'avec la formulation de la théorie KAM (Kolmogoroff, Arnold, Moser [1]) dans les années cinquante que l'on a commencé à comprendre l'importance extraordinaire du résultat de Poincaré. C'est d'ailleurs à la théorie KAM que Lighthill faisait allusion lorsqu'il parlait du renouveau de la dynamique classique et de la nécessité d'abandonner le déterminisme dans la description classique. En effet, un des principaux résultats de KAM est de montrer qu'à cause des résonances apparaissent deux types de trajectoires : des trajectoires régulières déterministes mais aussi des trajectoires irrégulières « imprévisibles » et qui résultent des résonances. Nous ne pouvons entrer ici dans la description de ces résultats qui sont décrits dans de nombreux ouvrages. Il faut dire d'ailleurs que la théorie KAM donne une classification des trajectoires mais ne résout pas le problème de l'intégration des systèmes « non intégrables » de Poincaré. Toutefois la théorie KAM montre que,

1. Pour une introduction à ces problèmes voir G. Nicolis et I. Prigogine, *A la rencontre du complexe*, « Philosophie d'aujourd'hui », PUF, Paris, 1992.

lorsqu'on accroît l'énergie du système, le nombre de trajectoires aléatoires devient de plus en plus grand et finalement le système devient chaotique avec des exposants positifs de Lyapounoff. Il présente alors un comportement qualitativement semblable à celui que nous avons décrit dans les cas du décalage de Bernoulli et de la transformation du boulanger.

L'intégration des systèmes chaotiques dans le cas général reste un problème non résolu mais dans un cas particulier très important nous pouvons aller plus loin. C'est le cas des grands systèmes de Poincaré (LPS) – « large Poincaré's systems » – dans lesquels *les résonances se manifestent dans presque toutes les trajectoires* [1]. (La caractérisation mathématique précise des LPS dépasse le cadre de ces conférences, ce sont des systèmes à spectre *continu*, voir appendice.)

La plupart des systèmes étudiés actuellement en physique entrent dans cette catégorie, en particulier les champs en interaction, ou les problèmes de la mécanique statistique, dans lesquels il y a un grand nombre de N particules en interaction dans un volume V et où l'on fait tendre ce volume vers l'infini tout en gardant le rapport N/V constant.

Le théorème de Poincaré révèle une situation très peu satisfaisante. Il montre que le problème de l'intégrabilité des équations de la dynamique est un problème non résolu. Sauf dans des cas très particuliers, nous ne savons pas intégrer les équations de la mécanique classique (ou quantique). Pis encore, nous n'avons même pas de

1. T. Petrosky et I. Prigogine, « Alternative Formulation of Classical and Quantum Dynamics for Non-Integrable Systems », in *Physica*, 175 A (1991), p. 156.

méthode pour savoir si un problème mécanique donné est intégrable ou non.

La classification de Poincaré a été souvent discutée par le passé mais toujours en rapport avec la mécanique classique. D'ailleurs, le problème des résonances et les divergences qui en résultent étaient déjà connus par les fondateurs de la mécanique tels que Lagrange et Laplace. Ils savaient déjà que, dans notre système planétaire, il y avait des résonances conduisant à des divergences. Poincaré considérait le problème de ces résonances comme le problème *fondamental* de la mécanique classique.

Le problème de ces résonances a toujours été ressenti comme une difficulté, ainsi que nous l'avons déjà mentionné, comme quelque chose qui nous empêche d'intégrer les équations de la mécanique. Nous allons au contraire donner un sens constructif à ces divergences en montrant que nous pouvons les éliminer et rendre le problème « convergent ». Le fait remarquable c'est que nous obtenons ainsi une solution des équations de la dynamique qui résout aussi le problème de l'irréversibilité. Intégrabilité et irréversibilité sont des problèmes étroitement liés. De cette manière, nous montrons que les résonances de Poincaré ont un sens physique très profond. Les divergences résultent de ce que nous voulons des solutions qui correspondent à l'idéal de la physique classique, à savoir des solutions qui soient symétriques en la direction du temps. Les divergences de Poincaré marquent en quelque manière la frontière entre systèmes dynamiques réversibles et systèmes dissipatifs à symétrie temporelle brisée. Éliminer les divergences de Poincaré est une étape essentielle dans la résolution du paradoxe du temps.

CHAPITRE VI

Comme indiqué plus haut, les divergences de Poincaré ont été discutées dans le cadre de la mécanique classique. Nous allons au contraire nous concentrer sur le cas quantique. C'est en effet en mécanique quantique que l'importance de l'élimination des divergences de Poincaré est la plus grande. En effet, nous allons le voir, les divergences de Poincaré sont étroitement liées aux difficultés essentielles qui subsistent toujours dans les fondements de la mécanique quantique [1].

La mécanique quantique est en effet une science curieuse : d'un côté, elle est la science qui a connu le plus grand succès du point de vue de ses prévisions expérimentales, et d'un autre côté, les discussions à propos des fondements de la mécanique quantique n'ont jamais cessé depuis près de soixante ans. Dans son livre *The Character of Physical Laws*, R. Feynman [2] écrit : « Personne ne comprend la

1. Nous ne cherchons qu'à situer ces problèmes dans le texte ci-dessous; pour plus de détails, voir les références placées à la suite de l'appendice. L'auteur achève actuellement un ouvrage plus détaillé consacré à ces questions.

2. R. Feynman, *op. cit.*

mécanique quantique! » Citons aussi un texte récent de Paul Davies [1] qui pose bien le problème.

> La mécanique quantique fournit les moyens de prédire avec succès le résultat d'observations effectuées sur des systèmes microscopiques. Mais, si nous nous posons la question de savoir ce qui se passe réellement lors d'une observation, nous arrivons à des conclusions absurdes. Les tentatives pour sortir de cette situation paradoxale sont nombreuses; certaines sont pour le moins bizarres, par exemple l'interprétation en termes d'univers multiples de Hugh Everett; d'autres, telles les théories de John von Neumann et d'Eugene Wigner, impliquent la conscience de l'observateur et penchent du côté du mysticisme. Le débat sur l'observation quantique, vieux de plus d'un demi-siècle, n'a rien perdu de sa vigueur. Certes, les problèmes que posent la physique de l'infiniment petit et celle de l'infiniment grand sont colossaux; mais il n'est pas exclu que le véritable défi lancé par l'héritage de la Nouvelle Physique se situe précisément là, à l'interface entre l'esprit et la matière.

C'est ce problème de l'interaction de l'homme avec la nature, l'« interface entre l'esprit et la matière » pour utiliser l'expression de Paul Davies, qui est étroitement lié au problème des résonances de Poincaré. Nous allons, dès lors, commencer par faire un bref exposé des bases de la mécanique quantique pour situer ces difficultés.

L'objet principal de la mécanique quantique est l'étude de la fonction d'onde Ψ qui obéit à

1. P. Davies, *The New Physics : a Synthesis*, in P. Davies, éd., *The New Physics*, Cambridge University Press, Cambridge, 1989. Traduction française : *La Nouvelle Physique*, Flammarion, Paris, 1994.

l'équation de Schrödinger. Nous avons déjà indiqué plus haut l'équation de Schrödinger. Cette équation décrit l'évolution de Ψ dans le temps. Dans cette équation apparaît l'*opérateur* hamiltonien H étroitement lié à la fonction hamiltonienne classique que nous avons définie précédemment. En mécanique quantique, il s'agit de l'opérateur hamiltonien à la place de la fonction hamiltonienne. L'introduction des opérateurs est peut-être l'élément le plus révolutionnaire de la mécanique quantique. Comme nous l'avons vu, un opérateur est une prescription mathématique utilisée pour transformer une fonction en une autre. Elle peut être une simple multiplication ou une dérivation première, une dérivation seconde ou toute autre opération mathématique. Bien entendu cela est loin d'épuiser toute la question. Ce qui caractérise un opérateur, c'est aussi l'espace sur lequel il agit. Nous aurons l'occasion d'y revenir brièvement (voir aussi appendice).

Nous avons vu aussi qu'un opérateur se caractérise par ses fonctions propres (les fonctions qu'il laisse invariantes) et par ses valeurs propres. Cela donne la « représentation spectrale » de l'opérateur.

L'introduction des opérateurs en physique coïncide essentiellement avec l'avènement de la mécanique quantique. Il y a à cela une raison très profonde liée à la découverte même de la quantification. Les niveaux d'énergie d'un oscillateur ou d'un rotateur forment un ensemble discret de valeurs. Or l'hamiltonien classique est une fonction continue des quantités de mouvement et des coordonnées. L'idée fondamentale pour sortir de ce dilemme est de remplacer la fonction hamiltonienne par un opérateur et d'associer aux différents niveaux observés les valeurs propres de l'opérateur. Cette idée a été couronnée d'un succès éclatant. Mais aujourd'hui l'usage des opérateurs s'est étendu à d'autres domaines. Nous avons étudié l'opérateur de Perron-Frobenius pour le décalage de Bernoulli. Nous étudierons plus loin des opérateurs associés à la description statistique classique ou quantique.

Revenons à l'équation de Schrödinger. Une fois que nous avons les fonctions propres $u_n(x)$ de l'opérateur hamiltonien H, nous pouvons développer la fonction d'onde en série de ces fonctions propres. La solution formelle de l'équation de Schrödinger s'écrit :

$$\Psi(x, t) = \sum_n c_n e^{-iE_n t} u_n(x)$$

L'amplitude $\Psi(x, t)$ correspond à une superposition de rotations des fonctions propres $u_n(x)$ au cours du temps.

Quelle est la signification physique des coefficients c_n qui apparaissent dans cette formule pour l'amplitude Ψ? Un postulat fondamental de la mécanique quantique est que les c_n correspondent à des *amplitudes de probabilité*. Pour expliquer ce concept d'une manière plus précise, supposons que nous fassions une mesure de l'énergie du système qui se trouve décrit par la fonction d'onde Ψ. L'interprétation de la mécanique quantique, c'est que nous allons obtenir des fonctions propres E_1, E_2, E_3... de l'énergie et cela avec des probabilités $|c_1|^2$, $|c_2|^2$ et ainsi de suite. Il est important de remarquer que, lors de la mesure, la fonction d'onde initiale Ψ se transforme en un *ensemble* de fonctions d'onde. En d'autres termes, on passe d'une fonction d'onde unique à un « mélange » correspondant à un « ensemble », à une superposition de fonctions. C'est là la racine des difficultés que rencontre la mécanique quantique. Les coefficients c_n qui apparaissent dans la fonction d'onde peuvent être considérés comme des « potentialités ». Les résultats des mesures données par les probabilités $|c_1|^2$, $|c_2|^2$ nous font passer de potentialités à des actualités. Mais comment est-ce possible, puisque l'équation fondamentale de la mécanique quantique, l'équation de Schrödinger, ne fait que transformer une fonction d'onde en une autre fonction d'onde ? Il n'y a à aucun moment dédoublement de fonctions d'onde. Au contraire, lors de la mesure nous aurions un dédoublement de fonctions d'onde, ou en suivant la terminologie d'usage, un « collapse » de la fonction d'onde. La mécanique quantique a ainsi une structure duale, d'un côté, l'équation de Schrödinger, équation déterministe et réversible dans le temps, et de l'autre, le collapse de la fonction d'onde lié à la mesure et qui introduit un brisement de symétrie temporelle et dès lors l'irréversibilité. Ici encore l'irréversibilité serait due à l'observateur. Ce serait nous qui serions responsables du passage d'un monde de potentialités à un monde d'actualités. D'une certaine manière, nous en revenons une fois de plus à l'idée que l'irréversibilité est un élément que l'homme introduit dans un monde fondamentalement réversible. Ce problème se pose avec encore plus d'acuité en mécanique quantique qu'en mécanique classique.

Indépendamment du problème de l'irréversibilité, la nécessité d'introduire un « observateur » conduit à des difficultés. Y a-t-il une nature « inobservée » différente de la nature « observée » ? Comme indiqué lors du collapse de la fonction d'onde, nous obtenons un ensemble de fonctions d'onde. Nous allons donc vers une description probabiliste. Cette description est nécessaire pour parler d'équilibre thermodynamique. Effectivement, nous observons dans l'univers des situations d'équilibre, par exemple, le fameux rayonnement résiduel à 3 °K témoin du début de l'univers. Mais l'idée que ce rayonnement serait le résultat de nos mesures est absurde. Qui mesurerait ? Il faut donc qu'il y ait en mécanique quantique un mécanisme intrinsèque qui conduit aux aspects statistiques observés. C'est précisément l'instabilité, le chaos, comme nous allons le voir.

Revenons maintenant au théorème de Poincaré, cette fois dans le cadre quantique. Nous partons de nouveau d'un hamiltonien « non perturbé » H_0. Mais, en mécanique quantique, c'est un opérateur. Nous supposons que nous connaissons les fonctions propres $u^0{}_n$ et les valeurs propres E^0_n de l'opérateur. Nous ajoutons une perturbation λV et nous cherchons à déterminer les fonctions propres et les valeurs propres de l'hamiltonien total $H = H_0 + \lambda V$ par un calcul de perturbation (analytique en λ). Nous aboutissons de nouveau à des résonances. Dans les LPS, ces résonances conduisent à des divergences et nous ne pouvons obtenir, du moins par calcul de perturbation, les fonctions propres et les valeurs propres de H. On a établi en mécanique quantique des théorèmes qui prouvent l'existence des fonctions et valeurs propres de H, mais on ne dispose pas de méthodes constructives.

Les divergences dans les LPS montrent qu'en général ces systèmes sont chaotiques [1]. Dès lors, nous obtenons une formulation nouvelle de la

1. Comme nous allons le voir, les résonances conduisent à des représentations spectrales irréductibles au niveau probabiliste. C'est donc par définition le « chaos ».

théorie quantique, qui ne soit plus en termes de fonctions d'onde mais directement en termes de probabilités. Comme nous le verrons au chapitre VII, la situation devient ainsi semblable au cas classique des « applications » chaotiques considérées plus haut. Là non plus, nous ne pouvons pas revenir de la description statistique aux trajectoires.

Une fois que nous avons une description statistique irréductible, le problème du collapse de la fonction d'onde ne se pose pas, puisque la théorie est maintenant en termes de ρ, la probabilité (et non en termes d'amplitude de probabilité Ψ). Les difficultés épistémologiques de la mécanique quantique sont donc étroitement liées au problème du chaos.

CHAPITRE VII

Tournons-nous de nouveau vers la description statistique. Cette description a joué un grand rôle dans l'histoire de la physique puisqu'elle est à la base de la mécanique statistique. Gibbs et Einstein ont étendu l'étude d'un système dynamique unique à la considération d'un ensemble de systèmes correspondant tous au même hamiltonien et suivant donc tous les mêmes lois dynamiques. Pour Gibbs et Einstein, le point de vue des ensembles était simplement une manière commode de calculer des valeurs moyennes, mais pour nous, le point de vue des ensembles devient fondamental dès qu'on passe à l'étude des systèmes instables. Comme précédemment, la description est centrée autour de la fonction de distribution ρ. Dans le cas classique, cette fonction ρ dépend des variables canoniques, coordonnées et des quantités de mouvement. Dans le cas quantique, Ψ est une amplitude de probabilité. Nous avons alors $\rho = \Psi\Psi^{cc}$ où Ψ^{cc} est le complexe conjugué de la fonction d'onde Ψ. La probabilité ρ est le carré (du module) de l'amplitude de probabilité Ψ. Alors, c'est le cas « pur ». Dans le cas des ensembles appelés aussi

« mélanges » ρ est donné par une superposition de ces purs. L'hypothèse centrale de la mécanique est que tout peut se déduire des *amplitudes* Ψ

La fonction de distribution ρ classique ou quantique obéit à une équation d'évolution qui est établie dans tous les livres traitant de mécanique statistique et qui est l'équation de Liouville-von Neumann [1]. Elle s'écrit formellement : $i \frac{\partial \rho}{\partial t} = L\rho$; L est un opérateur dont la forme exacte ne sera pas essentielle ici (L est lié au « crochet de Poisson » en mécanique classique, au commutateur avec H en mécanique quantique). La solution formelle de l'équation de Liouville est $\rho(t) = e^{-iLt}\rho(0) = U_t\rho(0)$ où U_t est de nouveau un opérateur unitaire. Le problème central est donc, comme précédemment, la recherche d'une représentation spectrale de U_t qui mette en évidence le brisement de symétrie temporelle.

L'équation de Liouville présente une grande analogie avec l'équation de Schrödinger. La différence, c'est que l'équation de Schrödinger s'applique à l'amplitude Ψ, et l'équation de Liouville à ρ. Une fois que nous avons l'équation de Liouville, nous pouvons écrire formellement la solution en termes de la représentaiton spectrale de L ou de U_t et là nous tombons sur un fait nouveau. Pour les grands systèmes de Poincaré il existe des représentations spectrales *nouvelles* de L irréductibles à des fonctions d'onde. C'est un peu semblable à ce que nous avons trouvé pour le décalage de Bernoulli. Ces représentations conduisent à des expressions pour ρ qui sont à leur tour irré-

1. Voir par exemple Prigogine, *From Being to Becoming* Freeman, New York, 1980.

ductibles à des amplitudes. On aboutit donc à une formulation statistique de la mécanique quantique au niveau de ρ et non de Ψ. Il est impossible dans le cadre de ces conférences d'entrer dans les détails qui demandent d'introduire des éléments d'analyse fonctionnelle avancés [1]. Aussi nous contenterons-nous ici de donner quelques arguments intuitifs basés sur l'élimination des divergences de Poincaré.

Revenons-en au problème du boulanger. Comme nous l'avons vu, il y a une différence entre le futur ($t \to +\infty$) et le passé ($t \to -\infty$). Dans le futur, c'est l'ordonnée y qui se fragmente de plus en plus (voir fig. 2), alors que dans le passé, c'est l'abscisse x . Nous pouvons donc attacher un sens physique à la flèche du temps. Il en est de même pour les LPS. Prenons un atome dans un état excité. Nous nous attendons à ce que, dans le futur (en l'absence de tout effet perturbateur), nous trouvions l'atome dans l'état fondamental avec émission de photons. Il y a un ordre temporel naturel dans les états quantiques. Mais en général, nous ne pouvons pas spécifier la séquence naturelle en termes d'états quantiques. En revanche, nous pouvons le faire en utilisant une description statistique en termes de corrélations.

Considérons un exemple : un gaz de molécules qui interagissent. Supposons que deux molécules initialement indépendantes se rencontrent. Nous créons de cette manière une corrélation entre les deux particules. Ces deux particules à leur tour en rencontrent une troisième et cela donne lieu à la création d'une corrélation ternaire. Le nombre de particules impliquées dans les corrélations aug-

1. Voir les références placées après appendice.

mente ainsi continuellement. L'existence de ces corrélations qui suivent les collisions peut être mise en évidence par ordinateur. Si nous retournons les vitesses, des particules qui se séparaient vont de nouveau se rencontrer. Les corrélations préservent ainsi la mémoire, peut-on dire, du passé.

Tout système formé d'un grand nombre de particules, comme un gaz ou un liquide, est parcouru par ce flux de corrélations. On peut même considérer que c'est la manière dont ce système vieillit. Les corrélations englobent de plus en plus de particules. Une analogie vient à l'esprit : deux amis se rencontrent et ont une conversation; l'un peut par la suite partir dans une ville, l'autre dans une autre, mais il reste la mémoire de leur rencontre. A leur tour, ils rencontrent d'autres personnes et l'information contenue dans la conversation initiale se propage par suite de rencontres successives. Nous avons là comme l'apparition d'un temps qui n'est pas lié aux molécules individuelles, ni aux personnes individuelles, dans les cas de l'exemple que je viens de citer mais aux relations entre les molécules. Nous pouvons donc introduire une succession temporelle liée à ce flux de corrélations et plus précisément aux transitions entre corrélations successives. Nous introduisons ensuite ce flux de corrélations dans l'équation de Liouville-von Neumann. L'évolution de la probabilité ρ inclut en effet des transitions d'une corrélation à l'autre. Si le système était intégrable, on pourrait éliminer les interactions et, dès lors, supprimer le flux de corrélations. Mais, pour les LPS, nous ne pouvons pas éliminer le flux de corrélations par un changement de variables. Notre méthode traite les transitions différemment suivant qu'il s'agit de passage vers des corrélations plus élevées (orientées vers le

« futur » ou plus faibles (orientées vers le « passé »). De cette manière les divergences de Poincaré disparaissent. Techniquement, cela se fait en ajoutant des parties imaginaires de signe différent au dénominateur présentant des résonances (voir appendice). Une fois que ce flux de corrélations est introduit dans l'équation de Liouville, nous obtenons des représentations spectrales irréductibles dans lesquelles la probabilité ne peut pas se ramener à des amplitudes. On peut aussi directement obtenir ces représentations en passant à des espaces généralisés (voir appendice).

Il me semble que l'idée d'un temps attaché au niveau statistique, et plus précisément à l'évolution des corrélations, a une portée intuitive simple. Quant nous comparons une société humaine, mettons la société du néolithique, à la société d'aujourd'hui, ce n'est pas tellement que les hommes pris individuellement soient différents, plus intelligents ou moins intelligents, mais ce sont les relations entre les individus qui ont subi un changement radical. Sans doute aussi notre société vieillit-elle plus vite que la société néolithique parce que les moyens de communication se sont amplifiés et que dès lors la dynamique des corrélations sociales a subi une accélération énorme.

Le résultat obtenu est la possibilité de décomposer l'opérateur d'évolution U_t correspondant à l'équation de Liouville en une superposition de modes variant de manière indépendante et correspondant à des valeurs propres *complexes*. Le fait que ces valeurs propres soient complexes correspond à l'existence d'amortissements. Ce sont ces amortissements qui amènent la fonction de distribution à l'équilibre pour des temps suffisamment longs. Bien sûr, l'approche vers l'équilibre est en général très compliquée et comprend différentes échelles temporelles. Notre approche donne une solution exacte à ce problème en séparant ces différentes échelles temporelles.

Le résultat principal de cette approche est une représentation spectrale de l'opérateur d'évolution au niveau de la *fonction de distribution* ρ. Cette représentation est tout à fait analogue à celle que nous avons discutée pour le décalage de Bernoulli. Elle aussi présente une symétrie temporelle brisée.

Alors que la solution de l'équation de Schrödinger se heurte à des difficultés dues aux divergences de Poincaré, il n'en est pas de même pour l'équation de Liouville. Au niveau des probabilités, nous pouvons éliminer les divergences de Poincaré et mettre en évidence les brisements de symétrie temporelle.

Tout comme pour le problème du boulanger, il existe toujours des représentations de l'opérateur d'évolution qui sont symétriques dans le temps. C'est la conséquence de théorèmes très généraux (voir appendice). Mais *en plus*, pour les LPS, nous avons des représentations spectrales qui incluent le brisement de symétrie temporelle. Elles nous donnent donc la base microscopique des phénomènes irréversibles observés à tous les niveaux de description de la physique. En outre, ces nouvelles représentations sont constructives car elles sont fondées sur l'élimination systématique des divergences de Poincaré.

Il est utile de faire quelques remarques sur l'apparition de dissipation au niveau des équations de la dynamique. L'équation de Schrödinger ou l'équation de Liouville sont symétriques par rapport à l'inversion du temps. Mais une fois les divergences de Poincaré éliminées, nous obtenons des solutions de ces équations qui ont, elles, une symétrie temporelle brisée. Il y a là un phénomène très semblable à ce qu'on rencontre en physique dans les problèmes de magnétisme et qu'on a associé aux brisements *spontanés* de symétrie. A haute température, un système magnétique est paramagnétique. De petits aimants individuels s'orientent au hasard. A basse température, au contraire, nous avons des ferro-magnétiques. Tous les aimants sont orientés dans une direction privilégiée. A ce moment donc, nous avons des solutions qui ont moins de symétrie que les équations initiales. C'est là d'ailleurs une propriété très générale. En physique quantique moderne, les particules et les antiparticules jouent le même rôle, pourtant notre univers est formé essentiellement de particules, les antiparticules ne jouant aujourd'hui qu'un rôle négligeable à l'échelle cosmologique. Ici encore, l'univers est moins symétrique que ne le laisseraient prévoir les équations de base.

Que devient maintenant l'expression des lois fondamentales de la nature ? Traditionnellement, elles se formulent au niveau des trajectoires (équations de Newton ou d'Hamilton) ou des fonctions d'onde (équation de Schrödinger). Pour les systèmes chaotiques, nous les formulons maintenant au niveau de l'évolution de la probabilité ρ. Rappelons une fois de plus notre schéma conceptuel :

instabilité (chaos) → probabilité → irréversibilité,

auquel nous donnons ainsi une réalisation concrète. Au lieu d'être des notions fondamentales, les notions de trajectoire ou de fonction d'onde deviennent des cas particuliers valables pour les systèmes stables.

Le futur est incertain, plus incertain encore que nous le faisait présager la mécanique quantique traditionnelle avec les relations d'incertitude de Heisenberg.

CHAPITRE VIII

Munis des résultats que nous avons résumés dans les sections précédentes, nous pouvons revenir aux problèmes épistémologiques et notamment à cette dualité de la mécanique quantique qui a été un sujet de discussions passionnées depuis la formulation même de celle-ci, il y a plus de soixante ans.

C'est le problème de la mesure qui, peut-être, illustre de la manière la plus claire les difficultés de la mécanique quantique dans sa formulation traditionnelle. Citons un extrait du rapport que Niels Bohr a présenté en 1961 et qui résume les discussions qui ont eu lieu à la conférence Solvay de 1927 [1] :

1. « To introduce the discussion on such points, I was asked at the conference to give a report on the epistemological problems confronting us in quantum physics and took the opportunity to center upon the question of an appropriate terminology and to stress the viewpoint of complementarity. The main argument was that unambiguous communication of physical evidence demands that the experimental arrangement as well as the recording of the observations be expressed in common language, suitably

> Pour introduire la discussion, il me fut demandé à la conférence [Solvay] de présenter un rapport sur les problèmes épistémologiques qui nous confrontent en mécanique quantique. J'ai saisi cette opportunité pour centrer la discussion sur la terminologie et insister sur le point de vue associé à la complémentarité. Mon argument principal était qu'une communication non ambiguë de l'évidence physique demande que l'arrangement expérimental et l'enregistrement des observations soient exprimés dans le langage commun, précisé par le vocabulaire de la physique classique.

Rosenfeld, le collaborateur le plus proche de Bohr, a ajouté un second élément au problème de la mesure. La mesure doit être un processus *irréversible.* Mais comment décrire classiquement un appareil de mesure comme le veut Bohr alors que la théorie quantique se veut universelle et s'applique dès lors à tout objet petit ou grand ? C'est la raison pour laquelle la proposition de Bohr est loin d'avoir fait l'unanimité. Lisons ce qu'en dit John Bell [1] :

refined by the vocabulary of classical physics. » N. Bohr, « The Solvay Meeting, and the Development of Quantum Physics », in *La Théorie quantique des champs,* Interscience, New York, 1962.

1. « The " problem " then is this : how exactly is the world to be divided into speakable apparatus (...) that we can talk about (...) and unspeakable quantum system that can not talk about? How many electrons, or atoms, or molecules make an " apparatus "? The mathematics of the ordinary theory requires such a division, but says nothing about how it is to be made. In practice the question is resolved by pragmatic recipes which have stood the test of time, applied with discretion and good taste born of experience. Now in my opinion the founding fathers were in fact wrong on this point... » J. Bell, *Speakable and Unspeakable in Quantum Mechanics*, Cambridge University Press, Cambridge, 1987.

> Le « problème » est donc le suivant : comment pouvons-nous diviser le monde en un appareil dont nous pouvons parler (...) et un système quantique dont nous ne savons rien dire? Combien d'électrons, atomes ou molécules faut-il pour faire un « appareil »? Les mathématiques associées à la théorie requièrent cette division mais ne disent rien sur la manière dont elle doit être faite. En pratique, la question est résolue par des recettes qui ont résisté au temps, appliquées avec discrétion et bon goût, fruit de l'expérience. Mon opinion est que les pères fondateurs se sont trompés sur cette question.

Notons que le problème de la mesure ne se posait pas de cette manière en mécanique classique car il était admis que les lois de la physique s'appliquaient aux microsystèmes de la même manière qu'aux macrosystèmes. Il n'en est plus de même en mécanique quantique puisque là les microsystèmes sont décrits par les lois de la mécanique quantique tandis qu'à l'échelle macroscopique, nous pouvons appliquer les lois de la dynamique classique et de la thermodynamique. Donc le problème posé par Bohr est le problème de la transition des lois de la mécanique quantique aux lois de la dynamique classique qui, elle, introduit les concepts dans lesquels nous formulons notre image du monde.

Nous pouvons aujourd'hui mieux comprendre dans quelle direction le problème de Bohr peut être résolu. La transition du monde quantique à notre monde dynamique classique se fait au travers des systèmes dynamiques instables et ce que Bohr appelait le langage commun est en fait « un temps commun ». C'est seulement parce que nous avons un temps commun que nous pouvons communiquer avec la nature. Quand nous faisons une mesure, nous devons avoir une idée de l'« avant » et de l'« après » et cette idée doit correspondre au déroulement des phénomènes que nous observons. C'est là une exigence qui est évidente au niveau humain. Nous ne pourrions pas communiquer avec une personne pour laquelle notre avenir serait son passé et son avenir notre passé. Or, pour les systèmes dynamiques instables, nous ne pouvons plus faire appel au temps quantique tel qu'il se trouve associé à l'équation de Schrödinger, mais nous devons utiliser le temps associé à l'évolution des probabilités tel qu'il est décrit par la solution de l'équation de Liouville. Dans ce cas-là, la direction du temps résulte finalement des divergences de Poincaré. En d'autres termes, c'est à travers ces résonances que s'établit un temps commun à l'homme et à la nature. C'est cela la condition même pour avoir une possibilité de communication avec la nature.

La structure duale de la mécanique quantique était due au fait que, d'une part, on avait l'équation de Schrödinger décrivant l'évolution des fonctions d'onde et, d'autre part, on devait introduire un second processus lié à la mesure et par lequel la fonction d'onde se transformait en ensemble statistique. Le passage des « potentialités » aux « actualités » n'est plus l'effet de l'observateur mais l'effet de l'instabilité du système. L'irréversibilité, une fois de plus, n'est pas due à notre intervention dans la nature, mais est due à la formulation de la dynamique étendue aux systèmes dynamiques instables.

Comme nous l'avons déjà noté, la structure duale de la mécanique quantique faisait jouer un rôle central à l'observateur. C'était l'irruption d'un élément subjectiviste. Ce fut la principale raison de l'insatisfaction qu'Einstein a toujours exprimée à l'égard de la mécanique quantique. L'introduction de l'observateur devient particulièrement gênante lorsqu'on aborde la cosmologie. Certainement, les effets quantiques ont joué un rôle essentiel dans les premiers moments de l'univers. Le développement de la cosmologie quantique exige donc une mécanique quantique « sans observateur »; c'est précisément cette formulation à laquelle aboutit notre étude.

Essayons de nous faire une idée intuitive du chaos quantique. Pourquoi notre représentation quantique est-elle irréductible ? Pourquoi ne peut-on pas revenir de la description quantique en termes de probabilités ρ à la description usuelle en termes de fonctions d'onde Ψ ?

Reprenons d'abord les principales caractéristiques du chaos classique. Le point de départ habituel est l'étude des trajectoires et l'observation qu'à cause du temps de Lyapounoff, et de la divergence exponentielle des trajectoires que ce temps de Lyapounoff implique, nous avons instabilité, chaos. C'est ce qu'on appelle la sensibilité aux « conditions initiales ». Notre méthode consiste à aller au-delà de cette constatation et à passer à une description statistique de la dynamique classique. Nous découvrons alors, ainsi que nous l'avons déjà indiqué, que les trajectoires ne sont pas dans le domaine de la description statistique. Les trajectoires ne sont donc pas éliminées pour des raisons de difficultés de calcul (elles sont non calculables) mais bien pour des raisons de principe. Dans un système chaotique, les trajectoires sont exclues de la description probabiliste. Notons aussi que, dans la description probabiliste, il n'y a plus d'exponentielle croissante liée à la distance entre trajectoires. Les temps de Lyapounoff déterminent la vie moyenne d'inhomogénéités. Cette vie moyenne est d'autant plus courte que leur structure est plus « complexe » (nous avons vu que le polynôme de Bernoulli de degré *n* est d'autant plus vite amorti que le degré *n* est plus élevé).

Quelle est la situation en mécanique quantique ? En mécanique quantique, il n'y a pas de temps de Lyapounoff. Il n'y a pas de divergence exponentielle de fonctions d'onde. De plus, la fonction d'onde n'est pas une fonction singulière comme la trajectoire (nous avons vu que la trajectoire se représente par une fonction δ). Rien ne nous empêche de prendre une fonction d'onde comme condition initiale. Quel est donc le mécanisme du collapse de la fonction d'onde ? Quelle est la nature du chaos quantique ? Ce sont des questions très intéressantes [1]. Donnons-en ici l'idée.

Partons de la situation où la distribution ρ est donnée par produit $\Psi\Psi^{cc}$ où Ψ est la fonction d'onde. Les résonances de Poincaré couplent l'évolution temporelle de Ψ et de Ψ^{cc}. Bien sûr, des résonances peuvent se manifester déjà dans la solution de l'équation de Schrödinger, mais d'autres se manifestent seulement au niveau du *produit* $\Psi\Psi^{cc}$, c'est-à-dire au niveau de la probabilité ρ. Alors ρ cesse d'être factorisable et devient un objet nouveau. C'est la raison pour laquelle la description probabiliste devient irréductible. Même si nous partons d'une fonction d'onde bien déterminée, nous devons tenir compte des effets de résonance qui ne peuvent se décrire qu'au niveau de ρ. C'est en cela que consiste le « collapse » de la fonction d'onde, les effets de résonance donnant des termes séculaires qui varient systématiquement avec le temps et amènent le système à l'équilibre.

1. Voir les références de l'appendice donné, p. 125.

CHAPITRE IX

Terminons cet exposé par quelques conclusions générales. Nous avons déjà insisté à plusieurs reprises sur la succession : instabilité (chaos) → probabilité → irréversibilité, et sur le fait qu'à certains points de vue notre approche suit les intuitions géniales de Boltzmann. Nous savons aujourd'hui que l'approche de Boltzmann s'applique à la catégorie des systèmes dynamiques instables et c'est cette précision qui permet d'éviter les critiques qui avaient été adressées en son temps à Boltzmann. Au lieu de penser trajectoires ou fonctions d'onde, nous pensons probabilités et propriétés de l'opérateur d'évolution associé à l'équation de Liouville-von Neumann. C'est au travers des propriétés des opérateurs d'évolution que nous pouvons unifier la dynamique et la thermodynamique. Nous commençons à mieux saisir la leçon du second principe de la thermodynamique. Pourquoi l'entropie existe-t-elle ? Auparavant on admettait que l'entropie n'était que l'expression d'une phénoménologie, d'approximations supplémentaires que nous introduisons dans les lois de la dynamique. Aujourd'hui, nous savons que la loi de croissance de l'entropie et la physique du non-équilibre nous apprennent quelque chose de fondamental sur la structure de l'univers. L'irréversibilité devient un élément essentiel de notre description de l'univers. Dès lors, elle doit trouver son expression dans les lois fondamentales de la dynamique. La condition essentielle est que la description microscopique de l'univers se fasse en termes de systèmes dynamiques instables. C'est là un changement radical de point de vue. Le point de vue classique, c'était que les systèmes stables étaient la règle, les systèmes instables des exceptions. Nous retournons maintenant cette perspective.

Une fois que nous avons l'irréversibilité et la flèche du temps, nous pouvons étudier l'effet de cette flèche du temps sur d'autres brisements de symétrie et sur l'émergence à la fois de l'ordre et du désordre au niveau macroscopique. Dans les deux cas, c'est finalement du chaos qu'émergent à la fois l'ordre et le désordre. Si la description fondamentale se faisait en termes de lois dynamiques stables, nous n'aurions pas d'entropie, mais nous n'aurions dès lors pas de cohérence due au non-équilibre, pas de possibilité de parler de structures biologiques et dès lors nous aurions un univers dont l'homme serait exclu. L'instabilité, le chaos a ainsi deux fonctions fondamentales. D'un côté, l'unification des descriptions microscopique et macroscopique de la nature. De l'autre côté, la formulation d'une théorie quantique directement fondée sur la notion de probabilité qui évite le dualisme de la théorie quantique orthodoxe. Nous sommes ainsi amenés à modifier ce que traditionnellement nous appelions « lois de la nature ». Traditionnellement ces dernières étaient associées au déterminisme et à la réversibilité dans le temps. Pour les systèmes instables, les lois de la nature expriment ce qui est possible et non ce qui est « certain ». Cela est particulièrement frappant dans les premiers moments de l'univers. Dans ces instants, on peut comparer l'univers à un enfant qui vient de naître et qui pourrait devenir architecte, musicien ou employé de banque mais qui ne peut pas devenir tout à la fois. La loi probabiliste contient évidemment des fluctuations et même des bifurcations.

Au début de cet exposé, nous avons évoqué le problème des deux cultures. La science classique était née sous le signe du dualisme. Dans sa *Réponse aux troisièmes objections*, René Descartes réaffirme contre Hobbes la distinction entre deux substances, le corps et l'esprit, qui nous sont connues par des actes ou accidents qui leur sont propres :

> Il y a certains actes que nous appelons corporels, comme la grandeur, la figure, le mouvement, et toutes les autres choses qui ne peuvent être conçues sans une extension locale, et nous appelons du nom de corps la substance en laquelle ils résident(...) tous ces actes conviennent entre eux en ce qu'ils présupposent l'étendue. Et après, il y a d'autres actes que nous appelons intellectuels, comme entendre, vouloir, imaginer, sentir (...) tous lesquels (...) ne peuvent être sans pensée, ou perception, ou conscience et connaissance; et la substance en laquelle ils résident, nous disons que c'est une chose qui pense, ou un esprit (...) la pensée, qui est la raison commune en laquelle ils conviennent, diffère totalement de l'extension, qui est la raison commune des autres [1].

1. Descartes, *Méditations métaphysiques,* Troisièmes Objections et Réponses, coll. GF-Flammarion, p. 300.

Descartes décrit là le contraste évident qui existe entre les premiers objets de la science physique naissante (tels le pendule ou la pierre qui tombe) et les actes intellectuels.

La matière est associée à l'étendue, donc finalement à une géométrie. On sait que ce fut l'idée centrale de l'œuvre d'Einstein que d'accéder à une description géométrique de la physique. Par contre, les actes intellectuels sont associés à la pensée et la pensée est indissociable de la distinction « avant », « après » et donc de la flèche du temps.

Le paradoxe du temps exprime une forme de dualisme cartésien. Récemment, a paru un livre fort intéressant d'un éminent physicien mathématicien anglais, Roger Penrose : *The Emperor's New Mind*. Nous y lisons : « (...) c'est notre manque de compréhension des lois fondamentales de l'univers qui nous empêche de saisir la notion d' “ esprit ” [*mind*] en termes de physique et de logique [1]. »

Je crois que Penrose a raison : la pensée n'avait pas de place dans l'image que la physique classique donnait de l'univers. Dans cette image, l'univers apparaissait comme un vaste automate, soumis à des lois déterministes et réversibles, dans lesquelles il était difficile de reconnaître ce qui pour nous caractérise la pensée : la cohérence ou la créativité.

Penrose croit que, pour insérer ces propriétés

1. « (...) it is our present lack of understanding of the fundamental laws of physics that prevent us from coming to grips with the concept of “ mind ” in physics or logical terms. » R. Penrose, *The Emperor's New Mind*, Oxford University Press, Oxford, 1989. Traduction française : *L'Esprit, l'ordinateur et les lois de la physique*, Interéditions, Paris, 1992.

dans le monde physique, il faut nous tourner vers les trous noirs et la cosmologie; les trous noirs sont ces objets étranges qui attirent irréversiblement la matière grâce à un champ gravitationnel intense (objets qui avaient déjà été conçus par Laplace).

Les travaux que j'ai résumés dans ces conférences montrent que la solution du dualisme cartésien n'exige pas le recours direct à la cosmologie. Autour de nous, nous constatons l'existence d'objets qui obéissent à des lois classiques déterministes et réversibles, mais ces objets correspondent à des cas simples, presque à des exceptions, tel le mouvement planétaire à deux corps. D'autre part, nous avons les objets auxquels s'applique le second principe de la thermodynamique et qui forment l'immense majorité. Il faut donc qu'aujourd'hui, même indépendamment de l'histoire cosmologique, il y ait une distinction entre ces deux types de situation. Cette distinction est entre stabilité d'un côté et instabilité et chaos de l'autre.

Ce n'est pas que la cosmologie ne joue pas un rôle essentiel. Bien au contraire, le « big bang » nous indique qu'il y a un moment particulier où la matière, telle que nous la connaissons, a émergé du vide quantique. Nous avons toujours soutenu qu'il s'agit là d'un phénomène irréversible par excellence et cherché à l'analyser en termes d'instabilité. L'univers forme un tout, et l'existence d'une flèche du temps unique a une origine cosmologique.

Cette flèche du temps reste présente aujourd'hui. Plus encore, il existe un lien étroit entre irréversibilité et complexité. Plus nous nous élevons dans les niveaux de complexité : chimie, vie, cerveau, plus évidente est la flèche du temps. Cela correspond bien au rôle constructif du temps si manifeste dans les structures dissipatives décrites au début de ces conférences.

La science joue un rôle fondamental dans notre culture. Pourtant, la réaction à la science n'est pas unanime. Dans *La Nouvelle Alliance*, Isabelle Stengers et moi citons un texte publié lors d'un colloque de l'Unesco [1] :

> Depuis plus d'un siècle, le secteur de l'activité scientifique a connu une telle croissance à l'intérieur de l'espace culturel ambiant qu'il semble se substituer à l'ensemble de la culture. Pour certains, il n'y aurait là qu'une illusion produite par la vitesse de cette croissance, mais les lignes de force de cette culture ne tarderaient pas à surgir de nouveau pour la maîtriser au service de l'homme. Pour d'autres, ce triomphe récent de la science lui confère enfin le droit de régenter l'ensemble de la culture qui, d'ailleurs, ne mériterait plus son titre que pour autant qu'elle se laisserait diffuser à travers l'appareil scientifique. D'autres enfin, effrayés par la manipulation à laquelle l'homme et les sociétés sont exposés en tombant sous le pouvoir de la science, y voient se profiler le spectre de la déroute culturelle.

Nous ajoutions :

> Le développement scientifique débouche alors sur un véritable choix métaphysique, tragique et abstrait : l'« homme » doit choisir entre la tentation, rassurante mais irrationnelle, de chercher dans la nature la garantie des valeurs humaines, la manifestation d'une appartenance essentielle et la fidélité à une rationalité qui le laisse seul dans un monde muet et stupide.

1. I. Prigogine et I. Stengers, *La Nouvelle Alliance*, Gallimard, Paris, 1979, coll. Folio, 1986, p. 61-62.

Dans un livre récent, Richard Tarnas [1] exprime la même idée : « La passion profonde qui anime la pensée de l'Occident est de retrouver l'unité de l'être. »

Il est remarquable que les développements récents résumés ici vont précisément dans cette direction. Ils témoignent d'une extension de la science à un ensemble de phénomènes que la science classique avait rejetés dans la « phénoménologie » et qui, pourtant, forment pour nous l'essentiel de la nature. Pour Einstein, le plus illustre représentant de la science classique, il fallait dépasser le monde sensible avec ses tourments et ses déceptions pour atteindre l'harmonie de l'éternel. Le triomphe de la science serait associé à la démonstration que notre vie – inséparable du temps – ne serait qu'illusion. C'est un concept grandiose, certes, mais aussi profondément pessimiste. L'éternité ainsi conçue ne connaît pas d'événements, mais comment dissocier cette éternité de la mort ?

En revanche, le message de ces conférences est optimiste. La science commence à pouvoir décrire la créativité de la nature. Comme nous l'écrivions [2], « le temps aujourd'hui, c'est aussi le temps qui ne parle plus de solitude, mais de l'alliance de l'homme avec la nature qu'il décrit ».

1. « For the deepest passion of the Western mind has been to reunite with the ground of its being. » R. Tarnas, *The Passion of the Western Mind*, Harmony Books, New York, 1991, p. 443.

2. I. Prigogine et I. Stengers, *loc. cit.*

APPENDICE

THÉORIE SPECTRALE ET CHAOS

Je voudrais présenter ici de manière plus systématique quelques notions utilisées dans le texte. Je n'ai pas cherché la rigueur mais essayé de rattacher ces notions à des résultats qui sont familiers et d'indiquer des références où le lecteur peut trouver des développements supplémentaires ou des démonstrations.

1. Les deux formulations de la dynamique classique

Nous avons d'abord la formulation en *trajectoires.* La plus importante (voir chapitres III-V) est la formulation hamiltonienne. L'hamiltonien *H(p, q)* est l'énergie exprimée en quantités de mouvement *p* et coordonnées *q*. Une fois *H(p, q)* donné, les trajectoires sont données par les équations d'Hamilton :

$$\frac{dq}{dt} = \frac{\partial H}{\partial p} \quad , \quad \frac{dp}{dt} = -\frac{\partial H}{\partial q} \qquad (A.1.1)$$

Ces trajectoires se déroulent dans l'espace des phases *(q, p)*.

Au lieu de considérer les trajectoires individuelles, nous pouvons passer à une description probabiliste (voir chapitre VII). Dans tous les ouvrages de mécanique statistique * on démontre que la probabilité ρ obéit à l'équation de Liouville.

$$\frac{\partial \rho}{\partial t} = -\frac{\partial H}{\partial p}\frac{\partial \rho}{\partial q} + \frac{\partial H}{\partial q}\frac{\partial \rho}{\partial p} \qquad \text{(A.1.2)}$$

Il est utile d'introduire une formulation en termes d'opérateurs et de multiplier (A.1.2.) par $i = \sqrt{-1}$. Nous aurons alors

$$i\frac{\partial \rho}{\partial t} = L\rho \qquad \text{(A.1.3)}$$

où *L* est l'opérateur linéaire

$$L = -i\frac{\partial H}{\partial p}\frac{\partial}{\partial q} + i\frac{\partial H}{\partial q}\frac{\partial}{\partial p} \qquad \text{(A.1.4)}$$

Une fois que nous connaissons ρ, nous pouvons calculer la valeur moyenne de toute grandeur mécanique *A(p, q)*

$$\langle A\rangle = \int dp\, dq\, A(p, q)\rho \qquad \text{(A.1.5)}$$

Pour discuter l'équation de Liouville, introduisons la notion d'espace de Hilbert. Historiquement l'espace de Hilbert a été étudié d'abord en mécanique quantique [2] puis appliqué par Koopman [3] en mécanique classique [4].

* Les références sont p. 125.

Indiquons quelques propriétés de l'espace de Hilbert. Il suppose l'existence d'un produit scalaire (f^x est le complexe conjugué de f)

$$\langle f|g\rangle = \int dx\, f^x(x)\, g(x) \qquad (A.1.6)$$

et d'une norme

$$||f|| = \sqrt{\langle f|f\rangle} \geqslant 0 \qquad (A.1.6')$$

La condition $\langle f | f \rangle = 0$ implique $f = 0$.

L'espace de Hilbert est donc formé des fonctions de carré sommable (la variable d'intégration x est remplacée par les coordonnées et les moments lorsqu'on considère l'espace des phases).

Un opérateur dans l'espace de Hilbert transforme une fonction de cet espace en une autre

$$\Theta f = g$$

L'opérateur *adjoint* Θ^+ est défini par la relation

$$\langle \Theta f|g\rangle = \langle f|\Theta^+ g\rangle \qquad (A.1.7)$$

Un opérateur est *auto-adjoint* (ou hermitien) lorsque

$$\Theta = \Theta^+ \qquad (A.1.8)$$

Il y a aussi des conditions sur le domaine que nous n'explicitons pas ici [5].

Un opérateur *isométrique* préserve la norme d'une fonction

$$\langle \Theta f|\Theta f\rangle = \langle f|f\rangle \qquad (A.1.9)$$

Lorsque l'opérateur isométrique admet un inverse Θ^{-1}, c'est-à-dire

$$\Theta\Theta^{-1} = \Theta^{-1}\Theta = 1 \qquad (A.1.10)$$

où 1 est l'opérateur unité, l'opérateur Θ est unitaire

$$\Theta^{+} = \Theta^{-1} \qquad (A.1.10')$$

car (A.1.9) nous donne

$$\Theta\Theta^{+} = \Theta^{+}\Theta = 1 \qquad (A.1.11)$$

L'opérateur de Liouville L(A.1.4) est hermitien ainsi qu'on le vérifie en partant du produit scalaire (A.1.5) dans l'espace des phases

$$\langle f|g\rangle = \int dp\, dq\, f^{x}(q, p)g(q, p) \qquad (A.1.12)$$

On a donc

$$L = L^{+} \qquad (A.1.13)$$

La solution de l'équation de Liouville est

$$\rho(t) = e^{-iLt}\rho(0) \qquad (A.1.14)$$

L'opérateur d'évolution $U = e^{-itL}$ est unitaire

$$U_t^{+} = U_t^{-1} = e^{iLt} \qquad (A.1.15)$$

La formule (A.1.14) décrit un *groupe dynamique*

$$U_{t_1+t_2} = U_{t_1} U_{t_2} \qquad (A.1.16)$$

(t_1, t_2 positifs ou négatifs).

La direction du temps ne joue aucun rôle. Introduisons une base orthonormale dans l'espace de Hilbert. C'est un ensemble de fonctions u_i qui nous permet de représenter une fonction arbitraire *F* de l'espace de Hilbert en termes de ces fonctions

$$F = \Sigma c_n\, u_n \qquad \text{(A.1.17)}$$

Leur orthonormalité est exprimée par les conditions

$$\langle u_i | u_j \rangle = \delta_{ij} \begin{array}{ll} = 1 & i = j \\ = 0 & i \neq j \end{array} \qquad \text{(A.1.18)}$$

Multiplions (A.1.17) par u_m^x et prenons le produit scalaire (A.1.15). A cause de (A.1.18)

$$c_m = \langle u_m | F \rangle$$

Chaque élément de l'espace de Hilbert peut apparaître soit à gauche soit à droite dans un produit scalaire. Conformément à une notation introduite par Dirac [6] nous pouvons écrire u_n comme un « vecteur *bra* »

$$\langle u_n |$$

ou un « vecteur *ket* »

$$| u_n \rangle$$

Le produit scalaire devient un produit d'un bra et d'un ket $\langle u_n | u_m \rangle$. La relation (A.1.17) peut s'écrire de manière plus transparente

$$|F\rangle = \Sigma\, c_n |\, u_n \rangle = \Sigma | u_n \rangle \langle u_n | F \rangle \qquad \text{(A.1.19)}$$

Comme cette relation reste correcte pour tout $F\rangle$, nous obtenons la condition de fermeture (*completeness relation*)

$$1 = \Sigma|u_n\rangle\langle u_n| \tag{A.1.20}$$

Nous avons aussi utilisé dans le texte des bases bi-orthonormales $u_n\rangle$, $\tilde{u}_n\rangle$ telles que

$$\langle\tilde{u}_i|u_j\rangle = \delta_{ij} \tag{A.1.21}$$

$$\sum_n \tilde{u}_n\rangle\langle u_n = 1 \qquad \sum_n u_n\rangle\langle\tilde{u}_n = 1 \tag{A.1.22}$$

Exprimons un opérateur dans une base orthonormale. Posons

$$\langle u_\mu|Au_\nu\rangle = A_{\mu\nu} \tag{A.1.23}$$

Nous aurons alors la représentation de A dans la base choisie

$$A = \sum_{\mu\nu} A_{\mu\nu}|u_\mu\rangle\langle u_\nu| \tag{A.1.24}$$

qu'il est facile de vérifier.

De même, on a en utilisant une base bi-orthonormale

$$A = \Sigma\, A_{\mu\nu}|u_\mu\rangle\langle\tilde{u}_\nu| \quad A_{\mu\nu} = \langle\tilde{u}_\mu|Au_\nu\rangle \tag{A.1.25}$$

L'ensemble des éléments $A_{\mu\nu}$ forme une matrice. Nous avons donc une représentation matricielle de l'opérateur A.

Passons au problème des valeurs propres et des fonctions propres d'opérateurs dans l'espace de Hilbert. Considérons l'opérateur de Liouville et cherchons à satisfaire l'équation

$$L|\varphi_\lambda\rangle = \lambda|\varphi_\lambda\rangle \qquad \text{(A.1.26)}$$

Les valeurs propres λ peuvent être continues [2] ou discrètes [2].

Un théorème fondamental affirme que les valeurs propres d'opérateurs hermitiens sont *réels* [2]. De plus, l'ensemble des fonctions propres forme un système orthonormal. Il en résulte que les valeurs propres de l'opérateur d'évolution $U_t = e^{-iLt}$ sont de module unité.

$$U_t|\varphi_\lambda\rangle = e^{-i\lambda t}|\varphi_\lambda\rangle \qquad \text{(A.1.27)}$$

Nous pouvons maintenant exprimer L ou U_t en termes de leurs fonctions propres. La matrice $L_{\mu\mu}$ (voir A.1.23) devient diagonale et nous pouvons écrire

$$L = \sum_\lambda |\varphi_\lambda\rangle\lambda\langle\varphi_\lambda| \qquad \text{(A.1.28)}$$

De même

$$U_t = \sum_\lambda |\varphi_\lambda\rangle e^{-i\lambda t}\langle\varphi_\lambda| \qquad \text{(A.1.29)}$$

C'est la représentation spectrale de l'opérateur de Liouville L et de l'opérateur d'évolution correspondant U_t.

L'opérateur d'évolution U_t ne contient que des fréquences correspondant à des oscillateurs. Aucune information temporelle telle que le temps de relaxation n'est contenue dans le spectre. Cela paraît un obstacle à toute théorie microscopique des phénomènes irréversibles. Nous le lèverons en passant à des espaces généralisés (*rigged Hilbert spaces*), dans la section 3 de cet appendice.

Nous pouvons maintenant donner la solution formelle de l'équation de Liouville (A.1.14). Nous développons ρ à l'instant initial en fonctions Ψ_λ et nous obtenons

$$\rho(t)\rangle = \sum_\lambda |\varphi_\lambda\rangle e^{-i\lambda t}\langle\varphi_\lambda|\rho(0)\rangle \qquad \text{(A.1.30)}$$

Nous avons ainsi obtenu la seconde formulation probabiliste de la dynamique classique. Dans des cas simples (systèmes intégrables, voir le chapitre V [4]), il est possible de construire les fonctions propres et les valeurs propres. Mais, en général, nous rencontrons les divergences de Poincaré. Nous avons seulement des théorèmes d'existence [5].

Les formulations de la dynamique classique en termes de trajectoire et en termes de ρ dans l'espace de Hilbert sont entièrement équivalentes. Rien ne nous empêche de partir d'une trajectoire correspondant à une fonction $\rho(o) = \delta(p-p_o)\delta(q-q_o)$ dans l'espace des phases. Le produit scalaire

$$\langle\varphi_\lambda(q, p)|\delta(q-q_0)\delta(p-p_0)\rangle = \varphi_\lambda(q_0, p_0) \qquad \text{(A.1.31)}$$

est bien défini et $\rho(t)$ se réduit également à une fonction δ, à savoir $\delta(q-q(t))\delta(p-p(t))$ où $q(t)$, $p(t)$ sont les solutions des équations d'Hamilton (voir note 4). L'élément nouveau, c'est que dans le cas des systèmes chaotiques, il existe des représentations des opérateurs L, U_t dans des espaces généralisés qui sont *irréductibles à la description en termes de trajectoire.*

2. Les deux formulations de la mécanique quantique

Nous avons à plusieurs reprises fait allusion à la mécanique quantique (chapitres III et IV).

Nous avons vu que la grandeur fondamentale y est l'amplitude Ψ qui obéit à l'équation de Schrödinger (on prend $t_1 = 1$)

$$i1 \frac{\partial \Psi}{\partial t} = H_{op} \Psi \qquad (A.2.1)$$

Cette équation remplace les équations d'Hamilton (A.1.1); H_{op} est l'hamiltonien dans lequel les variables classiques ont été remplacées par des opérateurs, par exemple :

$$q \to q_{op} \qquad p \to p_{op} = \frac{1}{i} \frac{\partial}{\partial q} \qquad (A.2.2)$$

Les moments p deviennent donc des opérateurs de dérivation. C'est à propos de la mécanique quantique que la théorie de l'espace de Hilbert a été développée [4]. Notons l'analogie entre (A.2.1) et (A.1.3); H_{op} est un opérateur hermitien. Dans la « représentation » coordonnée q les moments ne sont pas des variables indépendantes (à cause de (A.2.2)).

Considérons le problème aux valeurs propres (comparer à (A.1.26))

$$H_{op}|u_n\rangle = E_n|u_n\rangle \qquad (A.2.3)$$

des E_n sont les niveaux d'énergie du système qui forment une suite discrète (spectre discret) ou continue (spectre continu). Les niveaux d'énergie sont réels et les fonctions propres forment un système orthonormal complet. Utilisant la notation « bra-ket » nous pourrons donc écrire pour la fonction d'onde à l'instant initial Ψ (0) (voir A.1.19)

$$\Psi(0)\rangle = \Sigma|u_n\rangle\langle u_n|\Psi(0)\rangle \qquad (A.2.4)$$

et (voir A.1.30)

$$\begin{aligned}\Psi(t) &= U(t)\Psi(0) = \\ &= \Sigma|u_n\rangle e^{-iE_n/h}\langle u_n|\Psi(0)\rangle \qquad (A.2.5)\\ &= \Sigma\, c_n\, e^{-iE_nt/h}|u_n\rangle\end{aligned}$$

C'est la relation déjà indiquée dans le chapitre VI. Nous y avons discuté la signification physique des coefficients c_n qui donne la « potentialité » correspondant à l'état u_n.

Tout comme dans le cas classique, nous pouvons passer à une description probabiliste. Nous avons vu (voir chapitre VII) que Ψ une amplitude de probabilité. Considérons la probabilité (appelée aussi matrice-densité) donnée par $\rho = \Psi\,\Psi^+$. On vérifie immédiatement en partant de (A.2.1) que ρ satisfait à l'équation

$$i\frac{\partial\rho}{\partial t} = H\rho - \rho H \qquad (A.2.6)$$

qui est l'analogue quantique de (A.1.2) et que nous pouvons également écrire (voir A.1.3)

$$i\frac{\partial\rho}{\partial t} = L\rho \qquad (A.2.6)$$

Dans le cas des systèmes intégrables (c'est-à-dire pour les systèmes pour lesquels nous pouvons résoudre le problème aux valeurs propres (A.2.3) les deux formulations (A.2.1) et (A.2.6) de la mécanique quantique sont équivalentes (les fonctions propres de l'opérateur L quantique sont des produits de fonctions propres de H et les valeurs propres des différences). Mais il n'en est plus de même dans le cas du « chaos quantique ». Comme dans le cas classique, nous obtenons alors une représentation irréductible à des fonctions d'onde et cela dans des espaces généralisés.

3. Espaces généralisés

Nous avons vu dans la section 1 que les opérateurs hermitiens tels que L ou H_{op} ont des valeurs propres réelles. Cette propriété se base essentiellement sur les propriétés de l'espace de Hilbert et spécialement sur l'existence de la norme (A.1.6).

Pour obtenir une théorie spectrale complexe d'opérateurs hermitiens, il faut passer à des espaces généralisés non normés appelés souvent « *rigged Hilbert spaces* [8] ». Dans l'espace de Hilbert, un opérateur unitaire a des valeurs propres de module 1 (voir A.1.27 et A.2.5 $\| e^{-i\lambda t} \| = |$) tandis que dans les espaces généralisés ces valeurs propres peuvent être de module = 1 (par exemple, de la forme $e^{-i\lambda t - \gamma t}$ où λ et γ sont réels). C'est ce qui permet d'introduire l'irréversibilité au cœur de la description dynamique. La considération des espaces généralisés est donc fondamentale pour nous. Dans cette section, nous indiquerons quelques propriétés essentielles (pour plus de détail voir la note 8). Dans la section 4, nous appliquerons ces notions aux exemples de Bernoulli et du boulanger étudiés dans le texte.

L'idée essentielle est d'exiger que le produit scalaire reste fini :

$$\langle f | \varphi \rangle = \text{fini} \qquad \text{(A.3.1)}$$

mais ici *f* peut être une fonction singulière par exemple la fonction $\delta(x - x_0)$ qui n'appartient pas à l'espace de Hilbert, à condition que φ soit une fonction suffisamment régulière (fonction test) qui appartienne à une sous-classe de l'espace de Hilbert. Appelons L_2 la classe des fonctions appartenant à l'espace de Hilbert (c'est-à-dire de carré sommable, voir A.1.6.), Φ la classe des fonctions tests et Φ^+ la classe des fonctions singulières, nous aurons alors

$$\Phi \subset L_2 \subset \Phi^+ \qquad \text{(A.3.2)}$$

Les fonctions tests forment une sous-classe de l'espace Hilbert.

C'est le célèbre triplet de Gelfand. Nous pouvons définir l'action de l'opérateur Θ sur f grâce à (A.1.7). De manière plus précise c'est « l'extension » de l'opérateur Θ de L_2 à Φ^+

$$\langle \Theta f | \varphi \rangle = \langle f | \Theta^+ \varphi \rangle \qquad \text{(A.3.3)}$$

Cette définition a un sens à condition que la fonction $\Theta^+\varphi$ reste dans l'espace test Φ.

Nous pouvons de cette manière définir les fonctions propres « de droite » :

$$\Theta | f \rangle = z | f \rangle \quad \text{ou} \quad \langle \varphi | \Theta f \rangle = z \langle \varphi | f \rangle \qquad \text{(A.3.4)}$$

et de gauche

$$\langle \tilde{f} | \Theta = z \langle \tilde{f} \quad \text{ou} \quad \langle \tilde{f} | \Theta \varphi \rangle = z \langle \tilde{f} | \varphi \rangle \qquad \text{(A.3.5)}$$

L'exemple classique d'application des espaces généralisés est le problème spectral associé à l'opérateur $\Theta = -\dfrac{d^2}{dx^2}$ dans le domaine $-\infty < x < +\infty$...

On a :

$$-\frac{d^2}{dx^2} e^{-ikx} = k^2 e^{-ikx} \qquad \text{(A.3.6)}$$

Les fonctions propres sont donc e^{ikx} et les valeurs propres k^2. Les fonctions propres e^{-ikx} n'appartiennent pas à l'espace de Hilbert car

$$\int_{-\infty}^{+\infty} dx\, e^{ikx}\, e^{-ikx} = \infty \tag{A.3.7}$$

en contradiction avec (A.3.1).

Par contre, le produit scalaire avec une fonction test est fini

$$\int_{-\infty}^{+\infty} dx\, e^{ikx}\, \varphi(x) = \langle e^{-ikx} | \varphi \rangle = \text{fini} \tag{A.3.8}$$

Nous voulons de plus que les expressions (A.3.3) soient bien définies, que les opérateurs Θ soient des opérateurs de multiplication x^n ou de dérivation $\frac{d^n}{dx^n}$ (comme c'est le cas en mécanique quantique). On vérifie que cela exige que les fonctions tests $\varphi(x)$ soient 1) infiniment dérivables, 2) décroissent suffisamment vite pour $x \to \pm\infty$. Ces fonctions tests qui forment une sous-classe de l'espace de Hilbert sont appelées les fonctions de Schwartz.

Terminons par une remarque importante : voyons l'effet de l'opérateur d'évolution U_t sur f. Suivant (A.3.3)

$$\langle U_t f | \varphi \rangle = \langle f | U_t^+ \varphi \rangle \tag{A.3.9}$$

Cette expression sera bien définie si $U_t^+\varphi$ *reste dans l'espace test.* Dans les systèmes chaotiques nous verrons que cette condition ne peut en général être satisfaite à la fois pour $t > 0$ et pour $t < 0$. Cela conduit à la destruction du groupe dynamique (A.1.16) et à son remplacement par deux semi-groupes valables l'un pour $t > 0$ et l'autre pour $t < 0$ [9]. C'est l'expression mathématique du brisement de symétrie temporelle.

4. Systèmes chaotiques

Retournons maintenant aux deux exemples étudiés dans le texte : le décalage de Bernoulli et la transformation du boulanger. Ce sont des systèmes chaotiques caractérisés par un exposant de Lyapounoff. Étudions les propriétés spectrales de l'opérateur d'évolution d'abord dans le décalage de Bernoulli.

Rappelons que l'équation du mouvement (qui remplace ici les équations d'Hamilton A.1.1.) est :

$$x_{n+1} = 2x_n \quad \text{pour} \quad 0 < x < \frac{1}{2} \qquad \text{(A.4.1)}$$

$$= 2x_n - 1 \quad \frac{1}{2} \leqslant x < 1$$

Partons de l'identité valable pour une trajectoire (représentée par une fonction δ)

$$\delta(x - f(x_0)) = \int_0^1 dy\ \delta(x - f(y))\delta(y - x_0) \qquad \text{(A.4.2)}$$

Prenons pour $f(x)$ la transformation (A.4.1) et appliquons (A.4.2) à un ensemble de trajectoires – ce qui revient à remplacer $\delta(y - x_0)$ par $\rho_n(y)$. Nous aurons

$$\rho_{n+1}(x) = \int_0^1 dy\ \delta(x - f(y))\rho_n(y) =$$

$$= \frac{1}{2}\left[\rho_n\left(\frac{x}{2}\right) + \rho_n\left(\frac{x+1}{2}\right)\right] = U\rho_n(x) \qquad \text{(A.4.3)}$$

Cette formule définit l'opérateur de Perron-Frobenius pour le décalage de Bernoulli[10].

Nous pouvons aussi définir l'opérateur adjoint U^+.

En utilisant (A.1.7) on démontre que

$$U^+ f(x) = \begin{cases} f(2x) & 0 < x < \frac{1}{2} \\ f(2x-1) & \frac{1}{2} \leqslant x < 1 \end{cases} \qquad (A.4.4)$$

ou de manière plus compacte

$$U^+ f(x) = f(2x)\Theta\left(\frac{1}{2} - x\right) + f(2x-1)\Theta\left(x - \frac{1}{2}\right) \qquad (A.4.5)$$

avec

$$\Theta(y) = 1 \quad y > 0$$
$$\quad\;\; = 0 \quad y \leqslant 0$$

L'opérateur U^+ est un opérateur *isométrique* et dès lors très proche des opérateurs unitaires d'évolution de la mécanique classique ou quantique (voir A.1.15 et section 2). Les opérateurs unitaires admettent de plus un inverse.

Mais il y a une différence essentielle, l'opérateur U^+ n'admet pas de représentation spectrale dans l'espace de Hilbert [11]. C'est un théorème. Il est d'ailleurs facile de vérifier qu'il n'y a aucune fonction continue autre qu'une constante qui pourrait vérifier la relation

$$U^+|f(x)\rangle = \lambda|f(x)\rangle \qquad (A.4.6)$$

Nous devons donc nous tourner vers les espaces généralisés. Nous pouvons vérifier que la fonction singulière $\tilde{B}_1(x) = [\delta(x-1) - \delta(x)]$ est une fonction propre de U^+ et que l'on a :

$$U^+|\tilde{B}_1(x)> \; = \frac{1}{2}|\tilde{B}_1(x)> \qquad \text{(A.4.7)}$$

(puisqu'il s'agit d'une fonction singulière, cette relation doit être considérée en conjonction avec une fonction test comme en A.3.4).

On démontre [11] que l'on a plus généralement

$$U^+|\tilde{B}_n(x)> \; = \frac{1}{2^n}|\tilde{B}_n(x)> \qquad \text{(A.4.8)}$$

avec

$$\tilde{B}_n(x)> = \begin{cases} 1 & n = 0 \\ \dfrac{(-1)^{n-1}}{n^1}[\delta^{(n-1)}(x-1) - \delta^{(n-1)}(x)] & n \geqslant 1 \end{cases}$$

où

$$\delta^{(n)}(x) = \frac{d^n}{dx^n}\,\delta(x) \qquad \text{(A.4.9)}$$

Dans les espaces généralisés, l'opérateur isométrique a donc bien des valeurs propres de module différent de l'unité (voir section 3) qui sont ici liées au temps de Lyapounoff et décrivent dès lors des phénomènes irréversibles liés à l'approche vers l'équilibre.

Les valeurs propres correspondant à (A.4.8) sont $e^{-n lg 2}$.

En comparant avec la forme des valeurs propres dans l'espace de Hilbert $e^{i\lambda n}$ (n joue ici le rôle du temps), nous voyons que λ est purement imaginaire. C'est un exemple de *théorie spectrale complexe.*

Considérons maintenant l'opérateur *U.*

Dans le chapitre IV, nous avons déjà vérifié que

$$U\left(x-\frac{1}{2}\right)=\frac{1}{2}\left(x-\frac{1}{2}\right)$$

En fait, $x-\frac{1}{2}$ est un polynôme de Bernoulli. Nous avons en général [11]

$$U|B_n(x)| = \frac{1}{2^n}|B_n(x)> \qquad \text{(A.4.10)}$$

Enfin, on vérifie que les fonctions $B_n(x)$, $\tilde{B}_m(x)$ forment un système binormal (voir A.1.21, A.1.22) et complet [10]. Nous pouvons dès lors écrire la représentation spectrale de *U* et de *U*⁺ :

$$U = \Sigma \frac{1}{2^n}|B_n(x)> < \tilde{B}_n(x)| \qquad \text{(A.4.11)}$$

$$U^+ = \Sigma \frac{1}{2^n}|\tilde{B}_n(x)> < B_n(x)| \qquad \text{(A.4.12)}$$

Demandons-nous à quelle classe de fonctions appartiennent les probabilités ρ pour lesquelles on peut écrire (voir chapitre IV) :

$$\rho(x) = \Sigma|B_n(x)> < \tilde{B}_n|\rho> \qquad \text{(A.4.13)}$$

A partir de (A.4.9) nous voyons qu'une condition suffisante est que l'espace test soit formé de polynômes $P_m(x)$ de degré arbitraire *m*. Cet espace test est *stable* pour l'évolution *U* car l'expression (A.4.4) montre qu'un polynôme de degré m reste un polynôme de degré m par application de *U*. Comme déjà souligné dans le texte, la nécessité d'utiliser des fonctions tests (ici des polynômes) élimine les trajectoires. La représentation probabiliste est donc *irréductible.*

Considérons comme second exemple la transformation du boulanger. Nous l'avons décrite dans le chapitre III. De manière plus précise nous avons les « équations de mouvement »

$$(x,y) \rightarrow \begin{cases} \left(2x \quad , \frac{y}{2}\right) & 0 \leqslant x \leqslant \frac{1}{2} \\ \left(2x-1, \frac{y+1}{2}\right) & \frac{1}{2} < x \leqslant 1 \end{cases} \tag{A.4.13}$$

La différence avec le décalage de Bernoulli c'est qu'il existe une transformation inverse obtenue en permutant x et y. A partir des « équations du mouvement » (A.4.13), nous obtenons l'expression explicite de U et de U^+ :

$$U\ \rho(x,y) = \rho\left(\frac{x}{2}, 2y\right)\Theta\left(\frac{1}{2} - y\right) + \rho\left(\frac{x+1}{2}, 2y-1\right)\Theta\left(y - \frac{1}{2}\right) \tag{A.4.14}$$

$$U^+\ \rho(x,y) = \rho\left(2x, \frac{y}{2}\right)\Theta\left(\frac{1}{2} - x\right) + \rho\left(2x-1, \frac{y+1}{2}\right)\Theta\left(x - \frac{1}{2}\right) \tag{A.4.15}$$

Notons quelques propriétés importantes pour la suite. Nous avons vu dans l'exemple précédent que les polynômes forment l'espace test pour le décalage de Bernoulli. Considérons des fonctions de la forme :

$$\rho(x,y) = P(x)\ \varphi(y) \tag{A.4.16}$$

où $P(x)$ est un polynôme en x et $\varphi(y)$ une fonction intégrable (par exemple une fonction de l'espace de Hilbert). Nous pouvons vérifier que cette forme est stable pour U mais non pour U^+. De même la classe des fonctions

$$\rho(x,y) = \varphi(x)\, P(y) \tag{A.4.17}$$

est stable pour U^+ et non pour U.

La transformation du boulanger est un système dynamique proprement dit. L'opérateur d'évolution est unitaire $(U^+ = U^{-1})$.

Dès lors U admet une représentation spectrale dans l'espace de Hilbert

$$U = \sum_{k=-\infty}^{-\infty} |f_k(x,y)> e^{ik} < f_k(x,y)| \tag{A.4.18}$$

mais de plus il existe une représentation irréductible dans les espaces généralisés que nous écrirons (pour simplifier nous négligeons les effets de dégénérescence du spectre [12])

$$U = \Sigma |F_n(x,y)> \frac{1}{2^n} < \tilde{F}_n(x,y)| \tag{A.4.19}$$

Les valeurs propres sont les mêmes que dans (A.4.11), toujours liées au temps de Lyapounoff. La différence essentielle c'est que maintenant à la fois $|F_n>$ et $|\tilde{F}_n>$ sont des fonctions singulières.

En bref [12]

$F_n(x,y) \sim$ polynôme en x, $\times$ distribution en y

$\tilde{F}_n(x,y) \sim$ distribution en x, $\times$ polynôme en y

(A.4.20)

Considérons la probabilité ρ, les fonctions F_n, $\tilde{F}_n$ formant un ensemble orthonormal, nous pouvons écrire :

$$\rho = \Sigma\ F_n\rangle\langle\tilde{F}_n|\rho\rangle \qquad (A.4.21)$$

A partir de là nous aurons pour la valeur moyenne d'une fonction $A(x,y)$ (une « observable »)

$$\langle A\rangle = \langle A|\rho\rangle = \Sigma\langle A|F_n\rangle\langle\tilde{F}_n|\rho\rangle \qquad (A.4.22)$$

Les grandeurs F_n, $\tilde{F}_n$ étant des distributions, il faut que A et ρ fassent partie d'espaces tests appropriés. A partir de (A.4.16), nous voyons qu'il faut que

$$\begin{aligned}&\rho \sim \text{polynôme en } x, \times \text{ fonction intégrable en } y\\ &A \sim \text{fonction intégrable en } x, \times \text{ polynôme en } y\end{aligned} \qquad (A.4.23)$$

La première condition exclut de nouveau les trajectoires $\delta(x-x_o)\delta(y-y_o)$ puisque $\delta(x-x_o)$ n'est pas un polynôme en x.

La seconde condition restreint les observables à des fonctions continues en y. Nous avons déjà noté dans le texte que c'est une condition pour que l'on puisse parler d'approche vers l'équilibre.

Étudions l'évolution au cours du temps par application de l'opérateur U (pour $t > 0$) à ρ ou à A. Pour cela nous devons considérer

$$\langle A \mid U\ F_n\rangle = \langle U^+\ A \mid F_n\rangle \qquad (A.4.24)$$

C'est une expression parfaitement définie car U^+ (voir (A.4.15-A.4.17) préserve la classe des polynômes en y.

De même $U\ F_n\rangle$ préserve la forme (A.4.16). Nous pouvons donc utiliser (A.4.17) pour étudier l'évolution vers le *futur*. Par contre (A.4.17) ne peut être utilisée pour étudier l'évolution vers le passé. Nous devons alors utiliser l'opérateur U^{-1} = U^+. A la place de (A.4.20) nous avons

$$\langle A \mid U^+ F_n\rangle = \langle U A \mid F_n\rangle \qquad (A.4.25)$$

et *UA* ne préserve pas l'espace test (A.4.19).

Ce sont des résultats essentiels car nous voyons que :
1) la représentation est irréductible.
2) le groupe dynamique U_t se décompose en deux semi-groupes valables l'un pour le futur et l'autre pour le passé.

Nous pouvons dire aussi que $F_n\rangle$ est orienté vers le futur, $\tilde{F}_n\rangle$ vers le passé. C'est le brisement de symétrie temporelle que nous avons souvent évoqué dans le texte.

5. Définition du chaos

A partir de (A.1.2) on voit que toute probabilité qui n'est fonction que de l'hamiltonien φ (H) conduit à $\frac{\partial \varphi}{\partial t} = 0$. En d'autres termes (voir A.1.3)

$$L\varphi = 0 \qquad (A.5.1)$$

φ est une fonction propre de *L* correspondant à une valeur propre nulle. On appelle systèmes ergodiques les systèmes dynamiques tels que (A.5.1) n'admet que la solution φ(H). La fonction φ est une constante sur la surface $H(p,g) = E$. Pour simplifier nous prendrons φ = 1.

Les systèmes mixing (ou à mélange) sont caractérisés par le fait que pour des temps longs ($t \to +\infty$ ou $t \to -\infty$) les valeurs moyennes $\langle A \rangle$ d'observables tendent vers leurs valeurs moyennes sur la surface $H = E$. Donc à 1 dimension

$$\int dx\, A(x)\, \rho(x,t) = \int dx\, A(x)\, \varphi = \int dx\, A(x), \quad t \to \pm\infty \tag{A.5.2}$$

La condition de mixing est que le spectre de L pour $\lambda = 0$ (A.1.25) soit continu [13].

Le chaos demande les conditions plus restrictives. La définition usuelle demande l'existence de temps de Lyapounoff (ou de manière plus générale une « entropie » de Kolmogoroff-Sinai [13]).

Toutefois, cette définition rencontre des difficultés quand on l'applique à des grands systèmes, tels les LPS classiques (l'entropie de Kolmogoroff-Sinai diverge) ou quantiques, il n'y a pas de trajectoires ni d'exposants de Lyapounoff. C'est la raison pour laquelle nous adoptons comme définition plus générale :

Les systèmes dynamiques sont chaotiques quand leur opérateur d'évolution admet une représentation spectrale irréductible.

Nous avons étudié des exemples simples dans la section 4. Cette définition s'applique aussi aux systèmes quantiques [7, 12].

6. Représentations irréductibles en mécanique quantique

L'opérateur hamiltonien H et l'opérateur de Liouville-von Neuman sont hermitiens. Ils n'ont donc que des valeurs propres réelles dans l'espace de Hilbert et aucun phénomène irréversible n'apparaît dans le spectre.

Dans des cas simples (par exemple états atomiques instables) on peut rester au niveau de fonctions d'onde à condition d'abandonner l'espace de Hilbert (prolongement analytique, « Gamov vectors »). Mais ces méthodes ne donnent pas l'approche vers l'équilibre (la matrice densité ρ est représentée par une distribution microcanonique ou canonique).

C'est au niveau de ρ qu'il faut donc « sortir » de l'espace de Hilbert pour obtenir une théorie des phénomènes irréversibles. Dans la mécanique quantique traditionnelle, l'évolution de ρ a lieu dans l'espace produit par $\mathcal{H} \times \mathcal{H}$ de deux espaces de Hilbert. Nous devons chercher à obtenir la représentation de L dans des espaces plus généraux. C'est ce qui a été fait dans plusieurs exemples simples par T. Petrosky et l'auteur. Dans le cas des LPS, on obtient effectivement des représentations spectrales complexes irréductibles comme pour les applications étudiées au chapitre III. Il faut signaler que ces nouvelles solutions de la mécanique quantique ont été confirmées par des simulations numériques.

NOTES DE L'APPENDICE

1. R. Balescu, *Equilibrium and Non-Equilibrium Statistical Mechanics*, Wiley, New York, 1975.

2. J. von Neumann, *Mathematical Foundations of Quantum Mechanics*, Princeton University Press, Princeton, 1955 [1932].

3. B. Koopman, « Hamiltonian Systems and Transformations in Hilbert Space », in *Proceedings of the National Academy of Science of the U.S.A.*, 17 (1931), p. 315.

4. I. Prigogine, *Non-Equilibrium Statistical Mechanics*, Wiley, New York, 1961.

5. Voir par exemple le classique F. Riesz et B. Sz-Nagy, *Functional Analysis* [1955] rééd. Dover, 1991.

6. P. Dirac, *The Principles of Quantum Mechanics*, Oxford University Press, Oxford, 1958.

7. T. Petrosky et I. Prigogine, « Poincaré's Theorem and Unitary Transformations for Classical and Quantum Theory », in *Physica*, 147 A (1988), p. 439.

8. A. Böhm, *Quantum Mechanics*, Springer, Berlin, 1986, et A. Böhm, M. Gadella, *Dirac Kets, Gamow Vectors and Gelfand Triplets*, Springer, Berlin, 1989.

9. I. Antoniou et I. Prigogine, « Intrinsic Irreversibility and Integrability of Dynamics », in *Physica*, 192 A (1993), p. 443.

10. A. Lasota et M. Mackey, *Probalistic Properties of Deterministic Systems*, Cambridge University Press, Cambridge, 1985.

11. H. Hasegawa, W. Saphir, « Decaying Eigenstates for Simple Chaotic Systems », in *Physics Letters*, A/161 (1992), p. 471; P. Gaspard, « Γ-adic One-Dimensional Maps and the Euler Summation Formula », in *Journal of Physics*, A, vol. 25 (1992), L483; I. Antoniou, S. Tasaki, « Spectral Decomposition of the Renyi Map », in *Journal of Physics*, A : Math. Gen. 26 (1993), p. 73.

12. I. Prigogine, *From Being to Becoming*, Freeman, New York, 1980; H. Hasegawa, W. Saphir, « Unitarity and Irreversibility in Chaotic Systems », in *Physical Review*, A 46 (1993), p. 7401; I. Antoniou, S. Tasaki, « Spectral Decomposition of the β-adic Baker Map and Intrinsic Irreversibility », in *Physica*, 190 A (1992), p. 303.

13. H. Hasegawa, D. Driebe, « Intrinsic Irreversibility and the Validity of the Kinetic Description of Chaotic Systems », in Physical Review, E, September (1994).

14. T. Petrosky et I. Prigogine, « Alternative Formulation of Classical and Quantum Dynamics for Non-integrable Systems », in *Physica*, 175 A (1991), p. 146.

15. Voir également la note précédente 9 dans ce même appendice.

***

Je voudrais aussi faire référence aux travaux de Ruelle, Pollicott qui ont été les premiers à insister sur le rôle de résonances dans les systèmes chaotiques

– D. Ruelle, Phys. Rev. Lett., *56*, 405 (1986); Commun. Math. Phys. *125*, 239 (1989)

– M. Pollicott, Ann. Math. *181*, 331 (1990).

TABLE DES MATIÈRES

LES SCIENCES DANS LA COLLECTION CHAMPS

BARROW
La Grande Théorie.

BITBOL
L'Aveuglante Proximité du réel (inédit).
Mécanique quantique.

BROGLIE
Nouvelles perspectives en microphysique.
La Physique nouvelle et les quanta.

BRUNHES
La Dégradation de l'énergie.

CAVALLI-SFORZA
Qui sommes-nous ?

CHAUVET
La Vie dans la matière.

COUTEAU
Le Grand Escalier. Des quarks aux galaxies.
Les Rêves de l'infini.

CREVIER
À la recherche de l'intelligence artificielle.

DACUNHA-CASTELLE
Les Chemins de l'aléatoire.

DAVIES
Les Forces de la nature.

DELSEMME
Les Origines cosmiques de la vie.

DELSEMME, PECKER, REEVES
Pour comprendre l'univers.

DELUMEAU (PRÉSENTÉ PAR)
Le Savant et la foi.

DENTON (Derek)
L'Émergence de la conscience.

DENTON (Michael)
Évolution. Une théorie en crise.

DINER, LOCHAK, FARGUE
L'Objet quantique.

DROUIN
L'Écologie et son histoire.

ECCLES
Évolution du cerveau et création de la conscience.

EINSTEIN
Comment je vois le monde.
Conceptions scientifiques.

EINSTEIN, INFELD
L'Évolution des idées en physique.

FRANCK
Einstein. Sa vie, son temps.

GELL-MANN
Le Quark et le jaguar.

GLEICK
La Théorie du chaos.

GRIBBIN
À la poursuite du Big Bang.
Le Chat de Schrödinger.

HAWKING
Commencement du temps et fin de la physique ?
Une brève histoire du temps.

HEISENBERG
La Partie et le tout.

HURWIC
Pierre Curie.

JACQUARD
Idées vécues.
La Légende de la vie.

KLEIN, SPIRO (DIR)
Le Temps et sa flèche.

KUHN
La Structure des révolutions scientifiques.

LEAKEY, LEWIN
Les Origines de l'homme.
La Sixième Extinction.

LLOYD
Les Origines de la science grecque.

LOCHAK
La Géométrisation de la physique.
Louis de Broglie. Un prince de la science.

LOVELOCK
La Terre est un être vivant.

MANDELBROT
Fractales, hasard et finance (inédit).
Les Objets fractals.

MERLEAU-PONTY
Einstein.

MINSTER
La Machine-Océan.

VON NEUMANN
L'Ordinateur et le cerveau.

NOTTALE
L'Univers et la lumière.

PERRIN
Les Atomes.

PICHOT
Histoire de la notion de gène (inédit).

PLANCK
Autobiographie scientifique et derniers écrits.
Initiations à la physique.

POINCARÉ
La Science et l'hypothèse.
La Valeur de la science.

POPPER
La Connaissance objective.

PRIGOGINE
Les Lois du chaos.

PRIGOGINE, STENGERS
Entre le temps et l'éternité.

REICHHOLF
L'Émancipation de la vie.
L'Émergence de l'homme.
Le Retour des castors.

ROBERT
Les Horloges biologiques.

ROSENFIELD
L'Invention de la mémoire.

RUFFIÉ
De la biologie à la culture.
Traité du vivant.

RUFFIÉ, SOURNIA
Les Épidémies dans l'histoire de l'homme.

SCHWARTZ
Le Jeu de la science et du hasard. La statistique et le vivant.

SELLERI
Le Grand Débat de la théorie quantique.

SERRES
Les Origines de la géométrie.

SHAPIRO
L'Origine de la vie.

SMOOT
Les Rides du temps.

STENGERS
L'Invention des sciences modernes.

STEWART
Dieu joue-t-il aux dés ? (nouvelle édition)

TESTART
Le Désir du gène.
L'Œuf transparent (inédit).

THOM
Paraboles et catastrophes.
Prédire n'est pas expliquer.

TRINH XUAN
Un astrophysicien.

TUBIANA
Histoire de la pensée médicale.

ULLMO
La Pensée scientifique moderne.

WEYL
Symétrie et mathématique moderne.

WILLS
La Sagesse des gènes.

Achevé d'imprimer en mars 2000
sur les presses de l'imprimerie Maury Eurolivres
45300 Manchecourt

N° d'éditeur : FH136906.
Dépôt légal : janvier 1997.
N° d'impression : 00/03/77673.

Imprimé en France